北京文明游

U0162304

工业遗址

万安伦◎主编

北京出版集团公司

北京出版社

图书在版编目（CIP）数据

工业遗址 / 万安伦主编. — 北京 ：北京出版社，
2019.5
（文明游北京）
ISBN 978-7-200-14660-8

Ⅰ. ①工… Ⅱ. ①万… Ⅲ. ①工业建筑 — 文化遗址 —
介绍 — 北京 Ⅳ. ①TU27

中国版本图书馆CIP数据核字 (2019) 第010852号

文明游北京
工业遗址
GONGYE YIZHI

万安伦　主编

*

北 京 出 版 集 团 公 司
北 京 出 版 社　出版

（北京北三环中路6号）
邮政编码：100120

网　　　址：www.bph.com.cn

北 京 出 版 集 团 公 司 总 发 行
新 华 书 店 经 销
北京瑞禾彩色印刷有限公司印刷

*

710毫米×1000毫米　16开本　14.5印张　205千字
2019年5月第1版　2019年5月第1次印刷
ISBN 978-7-200-14660-8

定价：65.00元
如有印装质量问题，由本社负责调换
质量监督电话：010-58572393

前 言

　　北京是我们伟大祖国的首都，是全国的政治中心、文化中心、国际交往中心和科技创新中心。"文化之都"是北京最耀眼的城市标识，是中华文明的一张"金名片"。习近平总书记十分关心北京的发展，2014 年和 2017 年两次视察北京，对首都发展提出明确要求，寄予殷切期望。他强调，"北京要建设国际一流的和谐宜居之都"，而向世界展示一个有历史、有文化、有故事的北京，正是"文明游北京"系列丛书出版的宗旨和目的。

　　北京是一座有着 3000 多年历史的文化名城。早在殷商时代，北京地区已是颇具规模的部落定居点，具备了城市的雏形。从公元前 1045 年周武王在殷商原有封城的基础上分封燕和蓟两个封国算起，北京的建城史至少有 3064 年。北京城经历了从"封国方城"（周代至战国）到"大国边城"（秦代至唐代），再到"辽国陪都"（公元 938 年，北方少数民族政权陪都）、"金国中都"（1153 年，北方少数民族政权都城），直至"国家都城"（元代起为统一的多民族国家的首都）。在漫长的城市发展和历史积淀中，北京的城市地位一直处在上升状态，这为北京孕育灿烂辉煌的城市文明、博大精深的城市文化及丰富多彩的旅游资源，提供了历史依据和现实可能。

　　中央文明委和北京市委市政府提出，要加强精神文明建设，大力发展文化产业，大力扶持重大历史题材、京味文化、传统文化等主题作品；要以"一核一城三带两区"为重点，加强对"三山五园"、名镇名村、传统村落的保护和发展，把北京城市的历史文化传承好、发展好。本套丛书正是以此为宗旨，让读者更多地发现北京之美，自发地爱北京、护北京、建北京，在宣传好北京文化"金名片"、续写好北京文化新篇章的同时，提升游客的文明游览水平，谨防不文明游览行为的发生。

根据北京"全国文化中心"的城市战略定位，"文明游北京"系列丛书从古都文化、红色文化、京味文化、创新文化几方面展示了北京作为历史文化名城的独特魅力。丛书共10册，包括《名人故居》《传统村落》《红色景区》《胡同胜景》《文化地标》《工业遗址》《亲子胜地》《长城胜迹》《西山永定河》《京城大运河》。它立足于北京自身特有的人文景观和自然风物，以独特的视角全方位地对北京这座城市进行了细致解读。其内容涵盖从古至今坐落在北京大街小巷里的名人故居，荣获北京市第一批市级传统村落的44个古村落的发展状况和特色景观，散落在北京各处的红色革命景区，象征着老北京传统民俗文化的北京胡同，以故宫、颐和园、鸟巢、水立方等为代表的古今文化地标，以798为代表的工业遗址园区现状，最适合亲子游的一些玩乐之所，世界上最雄伟壮观建筑之一的长城胜迹，"三山五园"、西山八大处和永定河沿岸的景观，以及京杭大运河北京段周边的旖旎风光。整套丛书，对一般读者深度认识北京这座城市的人文、历史、建筑等，具有重要的参考价值和指导作用；对热爱北京文化研究的读者来说，也具有一定的资料意义和收藏价值。

"文明游北京"系列丛书于2017年启动，丛书的大纲和文稿经过了十多次修改。值得一提的是，为给读者提供第一手的景点信息，编撰团队亲自去了书中收录的每一个景点进行信息采集和照片拍摄。丛书采用图文并茂的形式，从面到点，规划线路，介绍景点的位置、特色、故事及相关人文、历史等信息，适合于对人文、历史、建筑、旅游感兴趣的读者。丛书实用性、知识性和趣味性并重，希望为北京文明旅游和文化传承做出一份自己的贡献。

万安伦

2018年11月27日

目录

1

######### 第三章 #########

曾经的工业遗址，
今天的艺术园区

//////// 第一章 ////////

相约文明游北京

　　作为四大文明古国之一的中国一直是"神秘的东方文明"的代名词。站在中华大地上回首，有一座都城熠熠生辉，那就是北京。历经千年，方圆数百里，社会的变化带来了城市的变迁，文明的进程携带着历史的更替，若是您有机会来到这里，不如让我们相约一起，文明游北京。

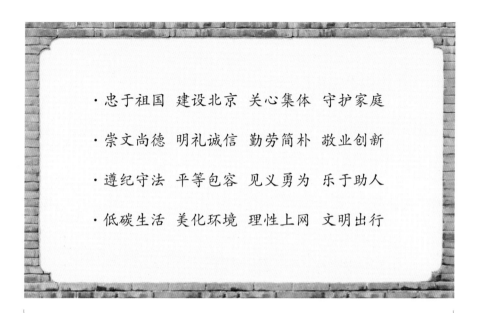

- 忠于祖国　建设北京　关心集体　守护家庭
- 崇文尚德　明礼诚信　勤劳简朴　敬业创新
- 遵纪守法　平等包容　见义勇为　乐于助人
- 低碳生活　美化环境　理性上网　文明出行

　　对于中国人来说，北京有多重身份，是中华民族文化大同的集中体现，是祖国的首都，北京的院落和巷子、戏剧和博物馆更是国人内心骄傲之所在。对于世界来说，北京也有多种意义，是东方之光的象征，是古老文明的象征，故宫和长城则是世界人民心中对神秘东方迷恋和向往的地方。

　　所以，当您来到这里，走进这古城的春风之中时，一定别忘了将春风留住，将古都之美留在心间，也一定别忘了遵守首都市民文明规范，共同守护这座美好的都城。

人与集体的关系：

忠于祖国　建设北京　关心集体　守护家庭

　　祖国是我们伟大的母亲，首都北京则是中华儿女衷心向往的地方，从不断扩展的北京环线到古城里的大街小巷，处处浸透了一代代建设者们为这座城市付出的汗水，首都北京的建设，是一代又一代的劳动者们辛勤付出和不懈努力的结果。人，从来不是单一的"动物"，集体是我们在社会活动中不可或缺的一种重要的组织形式，每个成员都要关爱集体以及集体的财物，让集体成为这个社会具有凝聚力的温暖的港湾。家庭作为社会最基础的组成部分，它的存在让我们每个人都有了一个让内心感到温暖的地方，家庭和睦才会最大可能地激发出人们对生活和未来的渴望和动力。用心守护家庭吧，它会让您更加安心地展望未来。

人与自我的关系：

崇文尚德　明礼诚信　勤劳简朴　敬业创新

　　高尚道德是中华民族锲而不舍的追求之一。中华民族是崇尚礼仪和高尚道德的民族，不论社会如何发展，属于我们古老民族的道德准则都需要一代又一代的中华儿女传承下去，如明礼诚信，作为中国传统美德，就应该发扬光大。中华民族是勤劳的民族，勤俭节约作为一种美德，无关财富的多少，也无关地位的高低，而是个人对待物质的一种理解和尊重，是一个人正确价值观的崇高体现。随着时代的快速发展，创新成为各行各业焕发生机的动力，当然，它离不开人们对于工作的热爱和努力钻研。

人与他人的关系：

遵纪守法　平等包容　见义勇为　乐于助人

　　游览时要遵守法律和法规，长城、故宫、国家博物馆等景区游客众多，需要排队进入，在注意提前预约和错峰出行的同时，如果赶上排队，一定要遵纪守法，多一份平常心，多一份包容，帮助工作人员维护秩序，见到违法乱纪的行为时，及时出手制止。当他人遇到危险时，合理地见义勇为，弘扬社会正气。

人与环境的关系：

低碳生活　美化环境　理性上网　文明出行

　　美好的环境关乎你我的健康，也让我们的生活更加舒适和惬意，我们应尽量减少碳排放，选择公共交通出行。理性判断网络信息，理性发表网络言论，这是当代网络大潮中每一个公民都应该遵守的基本准则。做个文明出行的好公民，为首都的文明建设奉献出我们的力量。

　　北京的四季都很美，无论您何时来到这里，北京都有不同的风景等待您的探索。希望您在充分欣赏这个美丽古都和国际大都市的过程中，注意举止文明，北京也会因您的到来，更添一个故事，平添一份美丽。

第二章

闲来话北京——工业遗址

　　快速发展的北京，不仅吸引了众多游客，还吸引了大批人才，这里不只是旅游胜地，也是许多人追梦的地方。在这里，越来越多的创意园区如雨后春笋般拔地而起，不仅吸纳了众多的创业人员，也吸引着无数文艺青年的视线。众多新兴产业在此汇聚，为北京这座城市的发展注入新的活力！

❖ 后工业时代的北京城

北京，是我们伟大祖国的首都，是一座拥有着千年历史的国际化大都市。提到北京的工业，很多人感到一片茫然，有多少人记得北京也曾是机器轰鸣、工厂众多的工业之城呢？

近代以来，随着我国国门的开放，北京在创办机械工业的基础上，又发展了煤矿、电力、纺织、食品、印刷等诸多行业。20世纪50年代，北京更是建立起了以大型国有企业为主体，民用工业和国防工业为基础的产业格局。这一时期，北京也建设了一系列工业区，如西郊的石景山钢铁、电力工业区，西南郊

的桥梁、机车工业区，东南郊的大郊亭化学工业区，北郊的清河毛纺工业区，房山的琉璃河建材工业区等，工业产值更是超过了天津、上海等城市，仅位列沈阳之后。改革开放以后，北京更是出现了联想、四通等一系列高新技术企业，中关村也作为北京工业新秀进入人们的视线。随着北京城市规划的不断调整，对环境质量的要求越来越高，北京的工业重心不断地向郊区转移，许多落后产业不断从中心城区迁出。在迁出的同时，它们还通过企业改组等方式调整了产业结构，或发展高新技术产业，或转型为旅游观光产业，逐步实现了产业升级。而2008年北京奥运会的举办，更加快了首钢等一系列老牌工业企业的搬

迁调整。

　　如今，作为政治、文化、国际交往、科技创新中心的北京，不断吸引着世界各地的龙头企业，在经济飞速发展的形势下，北京的工业也早已从传统工业向文化产业和服务类产业转变。

穿行在老北京的工业遗址间

在北京，除了人们常去的历史遗迹、繁华地段，还有一些特别的存在，它们曾经是机器轰鸣的重工业基地，而如今，随着产业的转型，它们摇身一变成为艺术的殿堂。如果您是一个十足的文艺青年，这些地方绝对是您不容错过的。在周末，约三两好友，或乘车或自驾，来这里感受一番艺术的熏陶，不失

为一个不错的选择。

从北京市中心往东北方向到酒仙桥，就是大名鼎鼎的798艺术区了。在北京，这里是很多文艺人士心中的热土，文青们的"打卡"胜地。其实最早它只是一个名叫798的工厂。2000年的时候，700厂、706厂、707厂、718厂、797厂、798厂这6家单位重组。资产重组后的798厂，大量厂房被闲置下来。为了合理利用这些厂房，业主开始将其对外出租。宽敞的空间和便宜的租金，为这里吸引来了众多艺术家，他们将废旧的厂房租下来，重新改装后成为自己的工作室或展示空间。这里不仅有很多奇特的艺术品，还有很有趣的展览或讲座，

街道上的雕塑也甚是好看。随着人流的聚集，这里也汇聚了众多的餐馆和特色小店，美食与艺术相交融。在这里，典雅高贵和复古质朴完美地融合在一起。此外，大名鼎鼎的艺术家如刘索拉（作家、音乐人）、洪晃（出刊人、出版家）、李象群（雕塑家）等都进驻了798。2003年，北京798艺术区被美国《时代周刊》评为全球最有文化标志性的22个城市艺术中心之一。和朋友一起去798拍照、看展览，更是文艺小清新们最热衷的事情！

北京无疑是中国当代艺术、先锋文化的中心，这里聚集了众多文化艺术资源，滋养了众多的文艺青年。从传统的博物馆、艺术馆、大剧院，到时尚前卫的艺术园区、创意园，艺术类建筑可谓是遍地开花。事实上，北京类似798的地方不在少数，如草场地、718文化传媒创意园、郎园……如今这些地方早已改造成了集观光、展示、体验、娱乐为一体的文化场所，成为北京文化生活的重要地标，它们孕育出的城市新兴文化，也会给您带来不一样的惊喜。

说到北京工业企业的成功转型，便不得不提首钢。2008年北京奥运会的举办，让北京为世界瞩目，"北京蓝"更是北京向世界友人发出的邀请函。为了奥运会的成功举办，首钢可谓是出力不少。虽然在环境治理上，首钢已经位于全国钢铁企业的先进水平，但北京作为首都，已不适合再继续发展钢铁冶炼工业。随着首钢的整体搬迁，曾经的炼钢高炉早已熄火，如今北京的首钢老厂区已经成为一个集科普教育、爱国主义教育、学术交流、文化休闲于一体的旅游观光景区。在这里，曾经的工业筒仓变成了奥组委的办公楼，为高炉降温而储存的循环水变成了清澈灵动的群明湖。2022年，群明湖还将成为北京冬奥会单板大跳台的组成部分，大跳台背靠湖畔的冷却塔。百年来一直唇齿相依的湖水和冷却塔将再次组成最佳搭档，展现在世界各国友人的面前。如今，闲逛于首钢，少了份机器喧嚣，却多了份安静祥和。在这里，流连于工业遗址之中，静静品味它的沧桑变化也是别有一番滋味在心头。

说到北京的工业园区，中关村绝对不能被遗忘。作为"中国的硅谷"，有太多的高新技术从这里诞生，而关于它的历史却很少被人提及。最早在中关村工业园内落户的是一家叫作北京牡丹电子集团的公司，这是北京20世纪六七十年代建起的为数不多的大型工业企业之一。它最早只是生产电子元件的一家工厂，随着原有产业的调整升级，牡丹电子集团由原来单一的电视产业发展为以中关村数字电视产业园为核心，以数字电视技术研发、房地产经营为主的公

司。随着中关村数字电视产业园的不断扩大，许多高新技术产业不断地在这里聚集。如今的中关村早已发展起了海淀园、昌平园、通州园等不同的科技园区，到处都是蓬勃发展的高新企业。

　　在中华民族上下五千年的历史长河中，现代化工业的历史虽然显得很短，但它在中华人民共和国成立初期却发挥着至关重要的作用。从无到有，从薄弱到雄厚，一个个工业园区，见证了一个时代的发展，也见证了一代人的雄心壮志。这些珍贵的"工业记忆"需要后人共同守护。

文艺作品里的工业遗址

艺术源于生活，又高于生活。北京作为我们国家的首都，它的身影常常在文艺作品中出现，其中便包括了散落于北京各个角落的工业园区。

那些产生并发展于20世纪的北京工业，随着时代的发展，如今大多已经变成了文创园区。那些老厂房逐渐成为怀旧影视的取景地，首钢便是其中之一。曾经钢渣飞溅的石景山老厂区随着首钢的搬迁早已变了模样，在如今许多热播的影视剧里，如果您仔细观察就会发现老首钢的影子，比如电视剧《你是我兄弟》《叶落长安》和电影《时光大战》《黑豹突击队》《警察故事2013》《归来》《私人定制》等，就有很多工厂的戏份是在首钢拍摄的。此外，电视剧《半路兄弟》整部戏几乎都是在首钢拍摄完成的。还有电视剧《甜蜜蜜》里，几个年轻人驾驶摩托车飞驰路过的厂房，就是首钢重型机械厂。在众多的怀旧影视剧里，首钢当年的老厂房重新焕发出勃勃生机，而这些厂房曾经的模样也正是通过这种形式，在人们心中留下了深刻的印象。

除了首钢的老厂房，798艺术区也是拍摄影视剧的首选地。在冯小刚2010年的贺岁大戏《非诚勿扰2》中798艺术区就曾露脸，只不过在片中它被改名为"897"了。影片中的Yi House餐厅是798里的一家酒店，号称是"北京第一家艺术精品酒店"，其中文名是一驿，意思是独一无二的住处。

无独有偶，由赵宝刚执导的现代都市家庭情景剧《婚姻保卫战》的取景也大多在北京。在剧中，给人留下深刻印象的当属798艺术区了。剧中三场灯光璀璨的T台走秀场面非常震撼，而这秀场就是798艺术区里的场地。此外，还有

很多的影视剧，比如《新围城》《女人帮》等都曾在798艺术区取景。

除此之外，您还可以在摄影和绘画作品中看到798艺术区的身影。作为文艺青年聚集的场所，798艺术区成了他们创作的一部分。在经济快速发展的今天，这些文艺工作者正在用自己的方式，将北京的这些老厂房定格，记录着北京工业区的巨大变化。

//////// 第三章 ////////

曾经的工业遗址，
今天的艺术园区

说起北京的工业企业，或许它们的历史早已随着北京经济的高速发展而淹没在了时间的滚滚长河中，但谈起文艺范儿的798、科技范儿的中关村，又有几个人会觉得陌生呢？美食，画廊，绚丽的高科技……这里有太多值得人们驻足回味的东西。

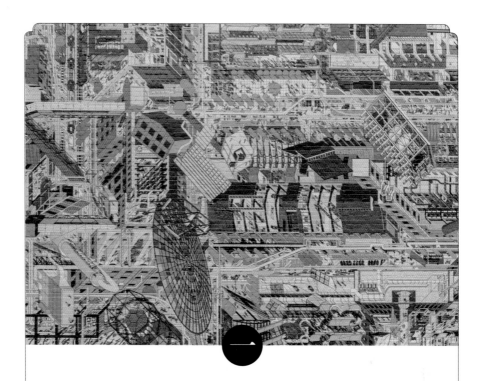

798 和它无处不在的艺术因子

  北京的 798 几乎无人不知，这里是北京都市文化的新地标，是国内最著名也最成熟的艺术区。斑驳的红砖瓦墙，错落有致的工业厂房，纵横交错的管道，还有保留着各个时代标语的墙壁……历史与现实、工业与艺术在这里完美地契合在一起，这里就是北京 798 艺术区。

尤伦斯当代艺术中心

在 798 艺术区的核心地带，还未走近，红砖墙上大大的"UCCA"几个字母就格外引人注意，它便是赫赫有名的尤伦斯当代艺术中心。

> 📍 北京市朝阳区酒仙桥路 2 号、4 号 798
> 艺术区内
> 📞 010-57800200
> 🕐 周二至周日 10:00—19:00
> ¥ 票价视每场展览而定

◎ 世界瞩目的UCCA

在798艺术区，单体面积最大的展馆就是世界知名的尤伦斯当代艺术中心，占地面积约5000平方米。这座艺术中心在原有建筑风格的基础上，由建筑师让-米歇尔·威尔莫特（Jean-Michel Wilmotte）和马清运共同设计，大门外立面由建筑师张永和设计，改造成了适合举办国际大型展览的艺术空间。这里大大的烟囱和一整面墙的照片非常有特色。

尤伦斯当代艺术中心是由比利时收藏家尤伦斯夫妇在2007年创建的，是一座服务于公众、独立的公益性艺术机构。作为一家立足于中国本土的国际艺术机构，UCCA以促进中国艺术环境的发展和成熟为宗旨，持续关注并致力于推广中国当代艺术、梳理其历史脉络，同时也将国际最前瞻和主流的当代艺术思潮引入国内，使当代最杰出的创作成果可以进入人们的视野。

整个艺术中心拥有大展厅、中展厅、长廊和甬道四个展示空间，还包括悦廊、剧场、报告厅、大客厅、沙龙等几大多功能区域。这里每年会举行10次左右不同规模、主题广泛的艺术展览，建成至今，UCCA已成功举办了超过90场艺术展览，如"85新潮：中国第一次当代艺术运动""书中自有黄金屋——

艺术中心的展览墙

《帕科特》与当代艺术家们" "杜尚，与/或/在中国"等，为参观者们带来了
一次次的艺术盛宴。这里可以说是798最著名的艺术中心，它在展览质量和艺
术项目丰富程度上，都是整个798艺术区最好的，因此每年都会吸引许多艺术
家和艺术爱好者前来参观游览。同时，艺术中心还会推出丰富的公共项目，使
参观者在这里可以近距离接触艺术和体会作品所蕴藏的内涵。在UCCA，人们
可以一起交流、沟通、学习以及分享彼此的兴趣及见解。同时，UCCA公共项

艺术中心里的游客

目部还将这一平台不断拓展，通过讲座与论坛、艺术影院、现场演出、工作坊、青少课堂等形式，将艺术中心变成开放式的课堂，成为人们学习知识、进行艺术熏陶的好地方。

◎ 包罗万象的尤伦斯

这里还开设了尤伦斯艺术商店（UCCASTORE），是中国限量版艺术品运营专业化模式的开创者。这里汇集了国内外80多位当代艺术家和100多位新锐设计师，他们不断为艺术和设计爱好者奉献出原创并具前瞻性的创意产品。而尤伦斯艺术商店也把所有收入都用在了UCCA的艺术展览和公共项目上，其公益性可谓名不虚传。在尤伦斯即使不去看展，也可以去看看尤伦斯艺术商店，里面销售的艺术品一定会让您耳目一新。

在UCCA，还开办了教育—创意探索地带，它是面向2—11岁儿童的艺术教育课堂。课堂以UCCA天然的艺术"母体"为主体，又兼具了艺术课程、创意

工作坊以及探索地带三重多角度的课程内容，目的在于通过引导儿童对艺术的感知、思考、创造及表达，全面地开发他们的知行体系，从而让孩子在儿童时期便可以学会如何认知、如何思考以及如何实践，以建立一种全新的艺术视角来处理自我与外界的关系，进而使得他们在学业和未来的工作中变得更加自信和出众。

2015年，UCCA的大堂正式开始运营Story Café，咖啡馆内甄选了原产地的精品咖啡豆和高端食材，旨在为每一位顾客呈现出零添加的健康美味和艺术化

的生活方式。

在北京的冬天，这里还会迎来一个备受瞩目的艺术盛事——尤伦斯庆典，这也是一个群星荟萃的社交平台。每一次举办晚宴时，都会邀请最棒的厨师和餐厅来准备菜肴，并委任知名当代艺术家为晚宴提供精彩的演出。同时，庆典晚宴上还会有义拍单元，参加竞拍的作品也都是由曾经参与UCCA展览项目的艺术家和设计师们所捐赠的，庆典晚宴的这部分收入将用于支持UCCA举办的艺术展览和讲座等公共项目。

2016年，创始人尤伦斯将这座当代艺术中心和他的个人艺术收藏出售，如今这里的馆长为策展人田霏宇。在UCCA，赏一赏那艺术无限的展览，逛一逛尤伦斯艺术商店，寻找几件喜欢的产品，逛累了，再去Story Café坐一坐，不失为一个绝佳的选择。

Tips
出行小贴士

1. 尤伦斯当代艺术中心的最后入场时间为 18:30，还请不要错过。
2. UCCA 每周四、周六、周日全天提供免费导览服务。（周六、周日需购买门票）

 佩斯北京

在佩斯北京您可以欣赏到来自世界各地的艺术作品，走进这座画廊，绝对是一次视觉的盛宴。

📍 北京市朝阳区酒仙桥路2号、4号798艺术区内

📞 010-59789781

🕐 周二至周六10:00—18:00

¥ 票价视每场展览而定

在798艺术区，佩斯北京（Pace Beijing）是一座非常火的画廊，整个画廊占地面积2500多平方米，也是目前艺术区内面积最大的空间建筑之一。在798的中心地带，可以看到一座红墙建筑，便是佩斯北京了。这座建筑是在旧时包豪斯风格的厂房基础上，由著名的建筑师理查德·格鲁克曼（Richard Gluckman）改造而成的，他将现代感与包豪斯风格完美衔接，在怀旧的同时，又凸显现代性，是一座具有纪念意义的建筑。而且也只有在这里，您才能看到保留完整的包豪斯风格的厂房建筑。

这座画廊是纽约佩斯画廊于2008年在北京开设的一家分属机构。佩斯画廊创建于20世纪60年代的美国波士顿，它凭借高质量的展览和系统化的运营模式

稳居世界顶级画廊之列。目前，佩斯画廊在纽约开设了4个画廊空间，于2012年在英国伦敦开设了全新的空间。而佩斯北京的建立，也是承袭了佩斯画廊一贯的高品质要求，旨在推动亚洲当代艺术的发展，促进中国与西方艺术文化互动，连通亚洲与国际艺术市场实现共荣。

如今，佩斯北京代理的国际级艺术家已经超过50位。在过去的半个世纪里，佩斯北京举办过近700次展览，并出版了近350本展览画册。在中国，张晓刚、岳敏君、隋建国、李松松、宋冬、刘建华、尹秀珍、海波、张洹、李子

勋、毛焰、洪浩、萧昱、仇晓飞等艺术家都与佩斯北京建立了密切的代理关系。这里也举办了多次极富影响力的展览，如"张晓刚：史记""李松松：抽象""岳敏君：路""隋建国""伟大的遭遇""DVF:衣之旅""北京之声"等。2008年，在佩斯北京的首展——"遭遇"中，曾汇聚了东西方顶级艺术家的肖像佳作，包括安迪·沃霍尔、亚历克斯·卡茨、查克·克洛斯、辛迪·舍曼、方力钧、李松松、刘炜、马六明、祁志龙等人的作品，取得了巨大的成功，为艺术中心打下了坚实的基础。在2012年，世界著名的摄影大师杉本博司

超现代的展览空间和展品

在佩斯北京举办了他在中国的首次个人展览，这也昭示着佩斯北京作为中国当代艺术的领军者，为亚洲艺术的不断壮大贡献出了重要的力量。而随着中国当代艺术在世界范围内的作用越来越重要，佩斯北京无疑将成为国际艺术领域的新力量。

　　每当驻足于这座建筑面前，人们往往会被其美感所吸引。这里经常会举办各种优秀的艺术展览，在画廊的官网上，您可以查询到近期要进行的一些展览，很多都值得一看。

Tips
出行小贴士

1. 1.4 米以下的儿童需要在成人的陪同下，凭票入场。
2. 请勿在观展过程中大声喧哗、饮食、吸烟。
3. 观展期间可以使用电子设备进行拍照、录像，但禁止使用闪光灯和自拍杆。
4. 这里的展览很火，大多时候游客较多。如果时间允许，可以选择错峰观看。

木木美术馆

木木美术馆（M WOODS）的名字听起来便极富禅意。木，破土而生，根系万千，枝繁叶茂；木，朴质奇绝，立于天地，树木长年；东方属木，相生五行。木木亦可为林，木木之志，源于拓衍真识，相惠于东西艺文。

◎ 北京市朝阳区酒仙桥路2号、4号798艺术区D-06号

📞 010-83123450

🕐 周二至周日 10:30—18:00

¥ 票价视每场展览而定

◇ 木木的前世今生

木木美术馆的环境与它的名字可谓融为一体，低调内敛又充满张力的环境总是不经意间吸引人们驻足。这座位于北京 798 艺术区的美术馆，是2014年由林瀚、雷宛萤（晚晚）夫妇创立的一家民营非营利艺术机构，2015年，青年收藏家黄勖夫又以联合创始人的身份加入美术馆。林瀚收藏了包括曾梵志、草间弥生、周春芽等大师的杰作，同时他还拥有一套完整的青年艺术家收藏体系，包括陈飞、高瑀、邱炯炯等中坚青年艺术家的重要作品。而他的妻子晚晚凭借

出众的气质和独到的见识更是被封为"豆瓣女神"。工作中，林瀚主要负责美术馆的宏观规划和总体运营，晚晚则更擅长展览和学术部分的分析。正是这样一对热爱艺术的年轻小夫妻，创建了这座中国最年轻的美术馆，还把它打理得井井有条。如今这里经常会举办各类展览，吸引着一众艺术爱好者前来观赏。

这里在成为美术馆之前，曾是一个废弃的厂房。2016年年初，美术馆的运营者希望对这座建筑的外观和入口空间再次改造，以提升到访者的观展和活动体验，以及美术馆公共形象的视觉识别度。于是他们邀请北京直向建筑事务所花了 40 天时间，将木木美术馆的外观改造一新。他们在不改变原有建筑的同时，又在外面包裹了一层新的半透明材料，来制造一种新旧叠加的、戏剧化的

光影效果。改造后的美术馆，是用一张巨大的金属网把整个建筑包裹起来，简单又大气。美术馆的内部装修也非常简洁通透，整体布局灵活且富于变化，一改往日的沉闷，让人们感受到了新与旧的碰撞，读出了这座城市在变迁中所传达的历史信息。

在美术馆的入口处，一改往日的简陋门厅，将进入的路径从直线变成了曲线，有一种"曲径通幽处"之美。除了美术馆的外观和入口，设计师还改造了美术馆前的小广场。他们将这个封闭的绿化带打开，植入了一个充满生活气息的小型城市广场。这片广场很快成了游客们休息拍照和孩子们玩耍的地方，同时，一些以艺术为媒介的公共活动也经常在这里举办。这座小广场的存在，也

美术馆简洁的前台

给这个街区注入了一种以文化艺术为依托的新的生命力，带来了更积极的生活方式。

◎ 结构独特的美术馆

两层的美术馆中，每个空间都具有不同的功能构造，画作、视频、装置作品，声色光影在多方面进行融合。而美术馆二楼的窗景，更是像一幅动态的绘画作品，透过窗户，您能看到变换的四季与匆匆而过的人群。在木木美术馆观展，拥有的体验是浸入式的，比如这里曾经展出过的《克里斯托弗·伊沃雷：哀歌》，除了墙壁上色彩明丽的画，美术馆也将这里的每一个角落——营造，就连窗户、窗帘、鲜花和桌子等这些客观存在的平常物体，都在此处拥有了静物画面感。所有到来的观众可以在这里休息、阅读或进行作品临摹，切身体会

美术馆的休息区

"艺术家工作室"的氛围。

在美术馆旁边，还有他们与文化工作室 Cabinet 合作呈现的木木商店，透过主题多变的橱窗，您可以欣赏到众多艺术家的衍生品。虽然这座美术馆建立的时间并不长，但却广为人知，并吸引着更多来到798的人们前来参观。

天气晴朗的时候，来到木木美术馆，逆着半透明的金属网，您可以看到光的方向。到了秋天，大量树叶落到金属网上，随着风的到来又被吹走。这样一帧帧如画卷般的美景，早已成了这座美术馆最鲜活的一部分，等着游人前来欣赏。

Tips
出行小贴士

1. 木木美术馆会定期举办论坛、美术馆之夜、家庭日、会员之夜等艺术活动。此外，展览期间馆内还会有中英双语导览。
2. 木木美术馆近期展览等信息请参考官方网站。

当代唐人艺术中心

　　木木美术馆旁边就是当代唐人艺术中心了，它还有一个馆，就位于这个馆的斜对面。

　　📍 北京市朝阳区酒仙桥路 2 号、4 号 798
艺术区内
　　📞 010-59789610
　　🕐 周二至周日 10:00—18:30
　　¥ 票价视每场展览而定

　　当代唐人艺术中心（Tang Contemporary Art）于 2006 年在北京 798 艺术区建立了一家美术馆，整座场馆是由一座占地面积约 600 平方米的厂房改建而成的。艺术中心从外观上看是一栋朴素的水泥房，颇为简朴；而走进馆内，可以感受到整座美术馆的内部空间相当开阔。层高达 12 米的展览区域，会定期举办各类艺术展览、表演以及学术交流等活动，这也为广大的艺术爱好者提供了更为广阔的交流空间。

　　除了在北京的这座场馆，当代唐人艺术中心在泰国曼谷还拥有一家曼谷当代唐人艺术中心（原唐人画廊），它可以说是泰国乃至整个东南亚地区最顶尖的专业介绍和推荐中国当代艺术的机构。这家曼谷的当代唐人艺术中心曾经举

办和策划过多次大型中国当代艺术展，在艺术界和收藏界有着广泛的影响力。通过一系列成功的展览，加之当地主流媒体等对中国当代艺术的介绍和推广，使得诸如张晓刚、方力钧、岳敏君、刘小东、周春芽、何多苓、郭伟、郭晋、翁奋（翁培竣）、颜磊等中国的优秀艺术家，被东南亚以及更多国家和地区的人们所熟悉。在向世界推广和传播中国当代艺术的同时，这里充满开拓性的展览政策也在中国赢得了高度评价。

而如今，当代唐人艺术中心并不只是一间普通的艺术中心，实际上还是一间专门从事艺术活动展示与策划、对有潜力的艺术家进行发掘和培养、对艺术发展进行研究与开发、积极构建中国当代国际艺术体系的多功能的艺术机构。这里除了定期举办各类艺术展览和表演，进行学术交流，还为机构和企业以及个人艺术品收藏者提供前导性的艺术咨询。

当代唐人艺术中心以国际化的眼光、更为开放的思想和敏锐的艺术触觉，为中国当代艺术的发展做出了自己的一份贡献！

当代唐人艺术中心现代风格的装修

Tips
出行小贴士

1. 当代唐人艺术中心近期展览等信息请参考官方网站。

2. 同一时间的展览很多，注意不要走错场馆。

3. 这里是网红拍照聚集地，在这里绝对可以拍出美丽的照片。

悦 · 美术馆

众多美术馆在798艺术区开设，或许您不经意地漫步在某个小巷，便有可能意外闯入艺术家的艺术世界。

📍 北京市朝阳区酒仙桥路2号、4号798艺术区797路B06号

📞 010-59789397

🕐 周二至周日 10:00—18:00

¥ 票价视每场展览而定

和它简洁的名字一样，悦·美术馆的场馆从外观到装修处处展现出大气、简约的风格。在对厂房的装修上，悦·美术馆不只是对老厂房进行了简单的再利用，设计师还将前卫、时尚的元素融入其中，为建筑物增添了新的文化底蕴。美术馆的设计更是在2011年获得了第19届APIDA亚太区室内设计金奖等奖项。可以说，不只是美术馆内的展品，这座建筑也是一件充满了特殊价值的艺术品，值得人们细细欣赏和品味。

悦·美术馆的位置很醒目，沿主街直走，红砖结构的建筑便是，这里到处充满着怀旧气息。美术馆总面积达2600平方米，是798艺术区内最大的艺术空间之一，也是地理位置最佳、配套及设施最全的艺术空间之一。整个场馆分

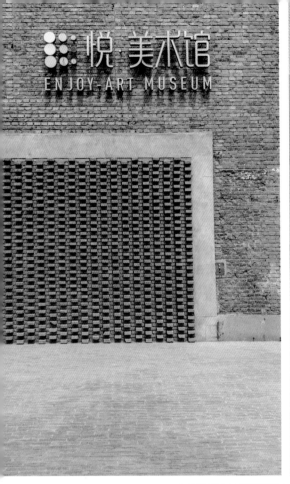

充满艺术感的美术馆外墙　　　　　　　　　　　　美术馆里的展品

为三层，可以根据展览的大小，举办大、中、小型不同层次的美术展览。美术馆的三层是艺术会所，设置有红酒俱乐部、VIP高端客户多功能厅、室内咖啡厅及室外休闲咖啡厅，逛累了您可以在这里小憩片刻。美术馆的二层，有一个悬跨在艺术馆空间上的西餐厅——悦美咖啡厅，这里还可以为人们举办小型聚会、发布会、开幕式酒会等提供餐饮服务。和大多数美术馆一样，悦·美术馆还开设有艺术品商店，用于销售油画、影像、陶瓷、服饰等艺术品及艺术衍生品，店中主要经营的是原创作品。如果您喜欢原创设计，这里是最好的选择。

这里还经常举办各种艺术展览、艺术学术论坛、音乐会、服装秀、新品发布会等，为国内外艺术家、时尚界、设计界等建立了一个互动平台，也为广大

美术馆的个性装饰   美术馆里的院校专题展览

的艺术爱好者提供了一个接触、了解、欣赏艺术的场所。在这里，您可以慢慢欣赏那些优秀的艺术作品，也可以在咖啡厅与艺术爱好者们交流心得，品尝美味的食物，来一场艺术与美食的饕餮盛宴。

Tips
出行小贴士

1. 美术馆近期展览等信息请参考官方网站。
2. 美术馆内的墙壁均是以白色打底，观展时还请保持墙面的洁净。

 旁观·书社

> 书店就像是城市中的一盏明灯，可以启迪人们的心智，照亮读者的内心。

📍 北京市朝阳区酒仙桥路 2 号、4 号 798 艺术区内

📞 010-59789918

🕐 周一至周日 10:00—21:00

旁观·书社是位于798街区拐角处一间面积不大的书屋。进门前，您会先走过一片木板地，道路两旁栽满了大小绿植，盆栽旁则穿插散落着几块黑板，上面写着书屋的近期荐书。这是一家半咖啡店半书店的小店，书店虽不大，但却简洁有序，环境雅致，书不多但摆设得很别致。书店内，通体白色的落地书架通向屋顶，有序地陈列着艺术、设计类的书籍，各种小众的CD以及小清新的明信片等。环顾四周，这里的每一寸面积，都被店家利用到了极致，店内四米高的书架无意间成为书店的一种设计风格。除了那些高大的书架，不大的书店里还特意留出了可供人阅读的车厢椅和方桌，落地的玻璃窗旁点缀着绿植，为整个书店营造出了一种素雅、宁静的氛围，好似外面的那些浮华和喧嚣都被隔绝在窗外。

书店前有休闲的露天座位

    静坐于窗边，当和煦的阳光照进来的时候，感觉整个人都逐渐明朗了。开书店，绝对是一个理想主义者会做的事情，而老板吴敏正是这样的人，她爱音乐，忠于理想，也热爱生活。对她来说，开书店绝不仅是一桩生意，而是在分

享生活。在旁观·书社，您几乎找不到畅销书，这里的图书大都是能经受住时间考验的，而且店里的每一本书都是吴敏精心挑选的。"你选什么样的书，这个书店就是什么气质"，比起经营状况她更在意的是和书有关的细节。除了选书，吴敏还非常注重对书籍的荐读和引导、分享，因此，在店内的黑板上，她总会定期更换向读者推荐的书讯，每期也都是围绕一个主题做推荐。

　　为了给读者营造出一份轻松舒适的阅读环境，除了仔细地挑选图书，旁观·书社也像很多书店一样将咖啡和音乐融入其中。无论您什么时候来到这里，都可以听到城市民谣、原生态民族音乐以及一些经典影视原声，据说这也是主人的喜好。就如同吴敏在书店的博客上写的："我常自醉在一类音乐之

中，那是从内心迸发出的对生命与自然的炽热的爱的表达。第一个音符响起，我都会悄然落泪，不是悲伤，不是遗憾，因为我相信，这世界上有远远甚于言语的表达，直达内心，勿需缘由。"不知听到这些主人精挑细选的音乐，是否也会触及您心中的某个角落。

店主吴敏一直在坚持写书店的博客。在博客上，她或向人们分享书店的动态，或是分享自己对于某一本书、某一首音乐的感受，又或是分享对于自己喜

书店里的书被摆放得很整齐

爱的电影的感悟。在这里，您可以看到一个温婉、知性、非常有人格魅力的女主人。不经意间，这家书店已刻在您的心间。

正如店名"旁观·书社"所寓，在北京这座喧嚣嘈杂的都市中，这个小小的书屋就如一个旁观者般静静地看着熙攘的人群，成为一个随性而自由的存在。在旁观·书社，无论您买不买书，只要您拿本书找个座位坐下，店员很快就会端上一杯柠檬水。而伴着萦绕在空气中的美妙音乐，徜徉在阅读的世界中，整个身心顿时也跟着放松下来。

Tips
出行小贴士

1. 店主的博客名字就叫"旁观书社"，如果感兴趣，可以去博客读一读店主的分享。
2. 这里是不允许拍照的，还请遵守书店规则。

白盒子艺术馆

这家艺术馆不仅名字好听，展出的展品也很有特点。纯白色的空间、通透的落地玻璃窗，当您进去之后便会发现这里独特的魅力。

📍 北京市朝阳区酒仙桥路2号、4号798艺术区797路B07号

📞 010-59784802

🕐 周二至周日 10:00—18:00

¥ 10元

白盒子艺术馆是以满足当代文化的多功能需求为目标而进行规划的一家艺术馆，这里是人们分享创意并进行交流的地方，在这里您会看到国外设计大师的最新力作以及国内艺术家的新思维创想和艺术作品。这白色的空间里内容非常丰富，它代表了一种追求，一种新思维。

走进艺术馆，可以看到这是一个近840平方米的自由展示空间，在展馆内总是可以看到许多中国当代艺术的展览活动以及跨界的艺术衍生品的展览。艺术馆会定期在这里举办各种艺术论坛，在这里做报告的都是一些国内外著名的艺术理论家、学者、批评家、策展人等。信息的共享、艺术的普及等工作，也

艺术馆门前干净整洁

为来这里的每一个人开拓了一条通向艺术大门的道路。在艺术馆内，还可举办各类开幕酒会、自助餐会、私人宴会、主题聚会、专题论坛、富有创意且互动性强的演出、现场 live 秀、音乐会、拍卖会、新车品鉴会、时尚新品发布会等。

此外，白盒子艺术馆还开设了可以购物的艺术商店，有原创漫画、雕塑、版画、首饰、奇特的小创意品等，闲来逛一逛，一定能找到您感兴趣的商品。漫步其间，您会发现浸入了艺术的生活有一种别样的美。

Tips
出行小贴士

1. 艺术馆近期展览等信息请参考官方网站。
2. 这里也是许多明星、著名摄影师的取景地，在这里遇到明星的概率很大。
3. 艺术馆的一楼还有咖啡馆，逛累了可以在里面小憩。

蜂巢当代艺术中心

蜂巢当代艺术中心，是中国最具影响力和规模最大的当代艺术机构之一，是一处欣赏艺术作品的好地方。

📍 北京市朝阳区酒仙桥路2号、4号798艺术区E06

📞 010-59789530

🕐 周二至周日 10:00—18:00

¥ 10元（学生票5元）

蜂巢当代艺术中心成立于2008年，取名蜂巢，寓意人类聚集性的生存方式及其思想繁杂性的存在状况，这与当下中国的社会结构和当代艺术的现状尤为契合。走近这座艺术中心，您会更加明白它为何如此命名，那满是孔洞的墙壁就如同蜂巢一般。场馆的空间很大，仅建筑面积就有4000多平方米，有五个国际化标准的展厅，是中国最具影响力和规模最大的当代艺术机构之一，可以容纳很多个主题的作品同时展出，所以您或许可以看到两到三位艺术家的作品在同时展出。

蜂巢当代艺术中心是一个具有国际视野的艺术机构，试图在全球化的语境中探寻"东方美学"的线索，结合世界范围内最具思想性、原创性与前瞻性的

THE OTHER

艺术中心的外墙布满"蜂巢"

艺术精华，打破了"东方"与"西方"、"传统"与"现代"等二元对立的观念，实现了跨文化、超视域的多元话语交互。而在参与中国本土当代艺术生产与建构的同时，他们还积极地将中国的当代艺术推向世界舞台，在国内推介优秀的国际艺术家和艺术项目，以期促进当代艺术市场的繁荣。这座艺术中心与一些中外重要艺术家以及艺术界新星等建立了代理合作关系。自成立至今，蜂巢当代艺术中心曾经连续四年获得了由各大媒体颁发的中国十大艺术机构、年度最佳画廊等称誉。2017 年，蜂巢当代艺术中心还在深圳华侨城创意园区开设了分支机构，以期望他们代理的艺术品可以为更多人所欣赏。

　　艺术中心取得的这一系列成就离不开馆长夏季风独到的眼光。说到夏季风，或许不少人有所耳闻。他是中国的先锋作家和诗人，曾经出版了《学习写作》《感伤言辞》等多本诗集；1994 年，他转向小说及文学评论写作，出版了小说集《罪少年》。文学创作的经历赋予了夏季风前卫的艺术姿态，因此他用所经历和熟

艺术中心的绿墙和白色空间

知的文学思潮来观照当代艺术的流变，而这也使得蜂巢当代艺术中心的众多展览都极具灵气。

来到蜂巢当代艺术中心，您并不用花费太多就能够获得艺术所带来的心灵的震撼！

Tips
出行小贴士

1. 蜂巢当代艺术中心近期展览等信息请参考官方网站。
2. 这里周末人也不是很多，您可以安安静静地看展。

常青画廊

这里是国内外艺术家交流的阵地，在这里您可以欣赏到很多国外艺术家的作品。

> 📍 北京市朝阳区酒仙桥路2号、4号798艺术区D区内
> 📞 010-59789505
> 🕐 周二至周日 11:00—18:00
> ¥ 票价视每场展览而定

◎ 真正的"常青"画廊

　　常青画廊就在木木美术馆的隔壁，一般来说画廊是以营利为目的的，但常青画廊却不同，这是一家像美术馆一般的画廊，馆内空间很大，展品的质量也很不错。艺术家彭禹曾经说过："如果要做一个画廊的选题，常青画廊是一个非常独特的案例。一方面它像那些最大牌、最商业、（画）卖得最好的画廊一样，在全世界各地开设空间，另一方面它的每个空间运营模式又是如此不同。它的空间不仅在最贵的地方，也会往外延伸，在最荒无人烟的地方设立。常青画廊已经在全世界各地插上了许多的旗子，但从来不是在每个城市的相同的'王府井'地段，而是每一个需要艺术的地方。"而北京的这座常青画廊，它

的一个重要目标便是发现新的艺术家并为他们提供展示的空间，从而使不同的创造领域和不同的文化相互融合。

1990年，三个年轻的意大利小伙马里奥·克里斯蒂阿尼（Mario Cristiani）、洛伦佐·飞亚斯奇（Lorenzo Fiaschi）和莫瑞西欧·瑞哥罗（Maurizio Rigillo），在保留着中古世纪风貌的意大利小城圣吉米那诺，成立了常青画廊，那里也是他们三个人的故乡。2004年，常青画廊在北京798设立了它的分部，常青画廊以沉静、严谨而低调的做事方式，连接着艺术的历史与当下，贯穿着世界的西方与东方。

十多年来，无论经济形势的好坏，也无论周边环境如何改变，常青画廊都如它的名字一样，一直存在于798艺术区那个地标性的位置，从未变过。

◎ 气质独特的画廊

这是一家非常独特的画廊，无论是画廊与艺术家的合作，还是画廊的运营模式，都显得格外灵活。在这里，画廊的经营者打破了常规的代理方式，采用与艺术家一起合作展览的方式来加强与艺术家的联系。由于画廊合作的艺术家来自世界各地，因此，他们通常提前一年就会将展览空间的3D效果图呈现给艺术家。当艺术家对展览有了初步的想法后，便可以来画廊进行实地考察。艺术家（尤其是装置艺术家）基本确定展览作品之后，会在这之后的一年时间内与画廊的工作人员保持紧密的联系。有些只能在北京当地完成的作品，画廊工作人员会像艺术家的助手一样，到各种加工厂和材料商那里，按照艺术家的方案制作作品，并及时向艺术家回馈制作效果。展览开始前半个月左右，艺术家就会来到展览现场，同画廊工作人员一起布展（2007年安尼施·卡普尔的展览，布展时间甚至花费了一个半月）。而这一切都是为了最终的展览效果可以尽善尽美。

除了长期合作的艺术家，常青画廊还会在国际范围内不断发现并拜访新的艺术家。这些艺术家有的比较年轻，而有的在其所在地已经非常出名。因此在常青画廊里，您可以看到不同地域的当代艺术面貌。此外，三位创始人还

画廊里的开阔空间

与艺术家一起做公益，他们有一个与画廊业务并行发展的常青艺术协会，从1996年开始，这一协会每隔一年就会邀请几位国际知名的艺术家，在托斯卡纳（Tuscany）地区包括圣吉米那诺在内的六个城市中，进行永久性的公共艺术创作。

漫步于798艺术区，不妨抽点时间欣赏一下这个有情怀的画廊，或许会带给您不一样的体验。

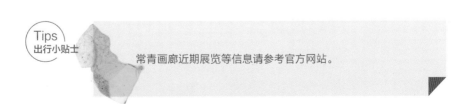

Tips
出行小贴士
常青画廊近期展览等信息请参考官方网站。

798 里的小清新和美味

但凡有点文艺情结的年轻人无不对北京798艺术区有所期待，这里早已成了文艺青年来北京的"打卡"地。在充满文艺气息的798艺术区里，不只美术馆和画廊值得一看，漫步其间，或许在某个不起眼的小巷、某个不知名的小店，也会有一份别样的邂逅。或许那是一间文艺清新的杂货店，或许那是一家手作店，在那里仔细挑选一些自己喜爱的小东西，或者花半天时间来做手工，也别有一番情趣！

熊猫慢递

或许您并不熟悉这只可爱的、憨憨的、看起来不太擅长运动的"胖墩儿",但在798,它绝对是个明星,它就是熊猫慢递的"代言人"。

📍 北京市朝阳区酒仙桥路 2 号、4 号 798 艺术区中二街 D 区

📞 010-59789364

🕐 春季、夏季、冬季周一至周日 9:30—18:00;秋季周一至周日 10:00—18:00

◎ 别样的邮局

这家邮局坐落在 798 艺术区中二街上。从这里向街道尽头望过去,两旁全是高大茂盛的白杨树,让人走在路上不由得想放慢脚步。穿过这条满是白杨树的小街,便能看到众多的画廊、咖啡馆、书店等,熊猫慢递就在其中。店前的青砖墙面上挂着一块写着"由正慢递"几个大字的牌子。

在这里,您看不见传统邮局高高竖起的柜台橱窗,唯一提示人们这里与邮递相关的,是铺天盖地、配有各种有趣图案和文字的明信片,同时有白板提示熊猫慢递邮寄的几个步骤:挑选明信片,前台付款,写好祝福话语,然后就是

交给前台投递。在店门口，还放置着一个绿色大邮筒。

在熊猫慢递邮局里，时常可以看到这样的情景：桌子旁，有人在认真地翻着过去的老画报；有人在随意地翻着写满了信的小本子；还有人在沉思，在挥笔，在与未来的自己或朋友默默对话。来逛798的人，几乎都会来到这家熊猫慢递邮局看一看，体会这里独特的氛围。在这间占地面积约120平方米的小邮局里，创办者还搞了一个小小的展览，以莎士比亚那句"我们命该遇上这样的年代"为序言，讲述了20世纪80年代出生的人的成长故事。

熊猫慢递的个性装饰

◎ 慢递邮局的缘起

　　熊猫慢递邮局，起源于一张在 2008 年 8 月寄出的明信片。2008 年，在北京一家咨询公司工作的一个年轻人去云南丽江游玩，在当地的一家小邮局，她给自己远在北京的朋友邮寄了几张当地的明信片。但这些明信片在一个月之后才寄到，这迟来的明信片却带给了大家不一样的惊喜。他们反反复复看着这份惊喜，心想："为何不专门开一家慢递邮局呢？" 2008 年，经过他们不断地讨论之后，这样的一家创意小店终于在 798 正式开业了。

　　"把生活的脚步放得慢一点。" 与我们经常见到的邮局不同，这里主打的就是一个 "慢" 字。在这家慢递邮局里，您可以尽情地享受时空穿越的快感。

熊猫慢递个性的誊书

在这里，您可以给未来的某个人写信或者明信片，然后在熊猫慢递自制的邮戳上写明，希望它将于某年某月某日之前寄达，由熊猫慢递为您保管，直至那天的到来。

　　"没有人知道未来什么样子，那么就在这里给未来的自己写一封信吧。"时至今日，十年的时间里，已经有将近两万个故事被装进信封、贴上邮票，然后被它的主人托付在这里，等待着那个特殊日期的到来。有人是写给即将出生的孩子，有人是写给几年后和自己共度一生的妻子，还有的人将自己当下的悲伤打包准备让未来的自己回忆……在这里，人们带着自己不一样的故事，与这只熊猫邂逅。

熊猫慢递寄往未来的明信片

　　或许，熊猫慢递的存在就是为了提醒我们，生活是用来慢慢品味的，活在当下，不论它是甜蜜还是忧伤，在未来的某一天您都会微笑回忆。在这里，您不用害怕时光匆匆流逝，也不用担忧生命逐渐衰老，您只需带着期盼与幻想，展望未来。

Tips
出行小贴士

　　店里到处都有保持安静的标语，在这里还请降低分贝，不要打扰到其他人。

米鱼杂货店

东野圭吾的《解忧杂货铺》很多人都看过，小说中暖心的日式杂货铺，在现实生活中是否真的能遇到呢？答案是肯定的！

> 📍 北京市朝阳区酒仙桥路 2 号、4 号 798
> 艺术区内七星路西侧
> 📞 13121085687
> 🕐 周一至周三 11:30—19:30，周五至周
> 日 11:30—20:00

如果说小说里的杂货铺是用信件来替人解忧，那北京798艺术区的这间米鱼杂货店里，那令人舒适的装修设计和一个个独特的小东西，一定让您感到非常治愈。

与其说是店铺，这里更像是一个珍藏了无数奇珍异宝的朋友家的客厅。"添米入碗，养鱼于心"，店主所秉持的理念也让人看到了她对待生活的这份随性的态度。走进米鱼杂货店，您会发现这座通透挑高的房子采光极佳。每当晴空万里，阳光就会倾洒下来，天空、云朵和枝丫映在头顶，一切就好似一幅美丽的风景画。

玻璃窗上的店铺信息

这里的物品也的确"杂",不仅不按用途摆放,东西也是五花八门。微露萌态的旧式器皿和那原本毫无关联的一切,在店主米鱼的悉心料理下,变成了充满生活气息的屋舍,探宝和搭配是她最大的乐趣。各种陶瓷、木质的器物从日本、波兰和中国的杭州、景德镇等地的手作匠人那儿来到店里,被摆放在了各自的位置上,呈现出一种安静的美。这些器物上都立着卡片,上面写着作者的名字、坐标和一段小故事。

米鱼关于小店的定义从一开始就很打动人,"一家好的杂货店,就是要在制作者和使用者之间搭起一座桥,让自己生存下去,也让桥两端的人走得

杂货店悬挂着的个性吊饰

顺畅"。而米鱼最初开店的目的也非常新奇，"器物收藏得太多了，用不过来"。从店铺中的各色手作可以看出，店主米鱼是一个热爱生活的姑娘。如今这家小店又专门设置了可以喝咖啡的吧台，吧台的座位不多，但正好是适合聊天的距离。阳光充足的午后，在这里喝杯咖啡，聊聊天，各种烦恼似乎都在瞬间烟消云散。

米鱼说，这家小店一开始来的客人多是爱做饭的姑娘，她们会挑些食器带回家，后来又有朋友特意过来喝咖啡，小店就这样逐渐被更多的人知晓。随着一点点的积累，这家带着"手作和家的温暖"的杂货店以自己喜欢的方式成长着，等待着被更多懂它的人发现并爱上。

Tips
出行小贴士

1. 米鱼杂货店会不定期举办一些小活动，如果感兴趣，可以报名参加。
2. 米鱼还有一个专门记录生活的微博就叫"米鱼杂货店"，在里面您可以看到许多生活中可爱和温暖的物、事和人。

西东 SHOP

> 这家店铺集合了国内优秀的手作职人和独立小众设
> 计师设计的美好物件，处处流露出主人对手作的热爱。

📍 北京市朝阳区酒仙桥路 4 号 798 艺术
区中二街
📞 010-57626364

　　这家名字看似简单至极的杂货铺是由两个文艺爱好者老沈和袋袋开办的。在798艺术区，老沈有自己的画廊，袋袋也有自己的设计室，之所以开办这样一家文艺范儿十足的杂货铺，完全是因为他们对手作的热爱。

　　店的名字很文艺，说到"西东"这两个字，不禁会让人联想到章子怡的那部电影《无问西东》，当然也有很多人就是因为店名而走进了这家店。来到西东SHOP，可以看到这里绝对是好物聚集地，店铺集合了国内优秀的手作职人和独立小众设计师设计的一些物品。西东卖的物品不去刻意追求匠气匠心，相反它们都很生活化，店主最大的愿望就是希望这些物品能够在日常生活中发挥出它们最大的作用。西东的空间是复合状态，一楼用来卖各种物品、饮品和甜品，在这里有序地摆放着不同设计师的作品，服饰、配饰、家饰，一应俱全。二楼是手作工作室，这里的艺术老师可以教您亲自动手制作首饰和皮具，每张

工作台上都配备着制作工具，简单一点的银戒指大概需要两三个小时的制作时间，珐琅的制作则会稍微复杂一些。但是不论做什么，老师绝对不会为了赶时间而代替您动手制作，而是会指导您一步一步完成自己的手工作品。这里还有露台，天气好的时候可以端一杯咖啡上去坐坐。

这里除了会定期举办展览，还为人们提供了午后咖啡与手工甜点。店内的冰激凌非常棒，是他们家的招牌，咸蛋黄冰激凌、法国黑巧手工冰激凌都很美味，一定要品尝一下。

虽说西东是一家店铺，但细细看来它更像是一个情感集合体。不论是这里

西东处处充满文艺气息

的物品还是美食，都展现出创作之人对真实、自然与美的渴望，也向人们传递出了一种不浮躁、有个性、有温度的质感生活。正如店主所言，他们没有刻意地与众不同，只是不喜欢随波逐流，不喜欢那些冷冰冰、生硬的流水线，世界已然如此机械，他们想要些真实，想感受到些温度，想更接近些自然。

西东里小清新的摆饰

　　来到西东，在这些别致的设计中流连，绝对是一件非常美好的事情。逛累了再到阳光充足的露台上点杯咖啡，来份甜点，看着街上来来往往的行人，光阴似乎也在这份甜蜜中变得静好。

Tips
出行小贴士

　　他家的杯子是可以带走的，而且设计得非常棒，特别适合拍照用。

西東ISHOP

莱-蒎黑胶唱片

即使是在全国范围内，莱-蒎黑胶唱片店也是较少见的大型综合性唱片空间了，这里绝对是一个令黑胶发烧友欲罢不能的地方。

📍 北京市朝阳区酒仙桥路 2 号、4 号 798 艺术区七星西街 798 剧场对面
📞 010-57144153
🕙 周一至周日 11:00—20:00

这家店一开始只隐匿于二楼的角落，如今已将面积扩大至整栋建筑。这是一家非常有特色的黑胶唱片专营店，来798的黑胶发烧友绝对不会错过这个地方。走进店铺，室内墙上的海报让人感觉到青春气息扑面而来，音响中播放着非常动听的音乐，忽然感觉整个人都舒展了。

这家店见证了互联网及数字音乐对实体唱片的冲击，也记录了近年来黑胶照片的回潮。浏览一下这里的唱片，您会惊奇地发现，这家店的存货相当齐全，从古典音乐到当今的流行音乐，真的是应有尽有。店内现在已有上万张藏片，几乎覆盖了各个音乐流派及发行年代，甚至还有一些是签名珍藏版。这家店的主人主张音乐上的包容性与丰富性，因此他会不定期地从世界各地搜罗好

店里的唱片机

的唱片带回店里。更值得一提的是，他还自主研发了黑胶唱片机Luntik，这个唱片机的名字源自店内收养的第一只小猫的名字。

同798的许多店铺一样，莱–蒎黑胶唱片的品牌创始人也曾经有一份充满艺术性的工作，他原本是从事设计行业的，希望在传统架构的基础之上，结合时代需求对唱片机进行一些细节改良，而他的设计功底在这方面发挥了很大的作用。除此之外，店铺会不定期举办沙龙、演出及电影放映等活动，通过艺术将人们联系在一起。

莱–蒎黑胶唱片除了卖唱片和唱片机，还自带一个咖啡厅，店里收养的几只猫咪总是优哉地躺在舒适的地方。来到这里，寻找几张自己喜欢的唱片，喝一杯店内的特调咖啡，逗一逗可爱的猫咪，感觉非常惬意。

唱片店的门上装饰的全是黑胶唱片

Tips
出行小贴士

1. 莱-菔黑胶唱片还开有淘宝店铺，您也可以到淘宝店铺下单购买唱片。
2. 店内部分唱片可以试听，试听后觉得喜欢再购买。

本宫 PavoMea

本宫PavoMea是北京新晋的一家网红店，在这里，蔡依林的"歌"是可以吃的。

> 📍 北京市朝阳区酒仙桥路 2 号、4 号 798
> 艺术区 797 路 B11-A
> 📞 18501997790
> 🕐 周一至周日 11:00—20:00

◎ 可以吃的"歌"

众所周知，蔡依林不仅能歌善舞，还是一名优秀的甜品蛋糕师，她的翻糖蛋糕技术让专业蛋糕师都为之称赞，她甚至在英国Cake International蛋糕比赛中，用"梦露翻糖蛋糕"获得了金奖。而她的"皇后陛下"翻糖团队，几乎包揽了台湾半个娱乐圈的庆典蛋糕，让人很是佩服。

位于798艺术区的这家本宫PavoMea艺术甜品店作为蔡依林的合作品牌，实力自然不容小觑。在这里，店家首创了"甜品+"的创意理念，他们与各类明星、艺术家跨界合作，以正统的法国蓝带厨艺学院的技艺，打造在法式甜品上的合作创新品牌。据说，店内有5款以蔡依林的经典歌曲命名的甜点，都是由蔡依林亲自设计的，而店内除了这5款经典甜品，还有很多甜品也是以蔡依林

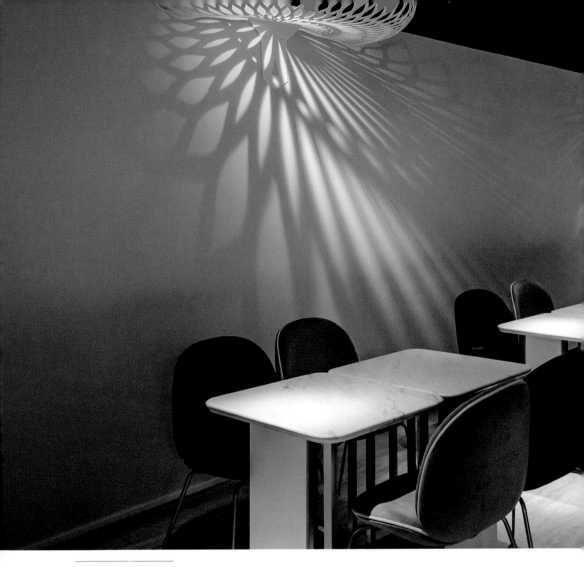

甜品店里简洁现代的空间

的歌曲命名的。在这里，蔡依林的歌不仅可以听，还可以吃。

据说，"本宫"的寓意就是"我的孔雀座"。走进本宫PavoMea艺术甜品店一层，您会发现孔雀元素遍布各个角落，但这个设计灵感却不是来自蔡依林，而是受到了文学巨匠但丁的名篇——《色彩相对论》的影响，一层正中央最醒目的位置便摆放着用翻糖做的色彩缤纷的巨大孔雀，十分精致漂亮。沿着鲜花簇拥的楼梯渐渐进入二层，映入眼帘的是白色长廊上表现着品牌创意的绢纱画屏。这幅画作展示的是歌德的诗《莉莉的动物园》，同时通过灯光、色

彩、六边形等元素全方位诠释"向歌德致敬，向色彩致敬"的主题，并把这种色彩绽放的美感通过孔雀展现出来。完美的视觉和味觉体验，在此幻化成蔡依林歌中"完美的境界"，真是"人不爱美天诛地灭"！

对于蔡依林的粉丝来说，以歌曲命名的甜点自然是不能错过的。比如"恋我癖"，它是一块巧克力慕斯，当厚重的布朗尼搭配香浓的牛奶，入口之后满嘴都洋溢着甜蜜与浓郁，法芙娜牛奶巧克力、法芙娜黑巧克力、总统发酵黄油均衡地相互对冲，让单调的配比变得更有层次感。

店里精致的甜品和餐具

◎ 不可错过的美味

在本宫，"舞娘"和"睁一只眼闭一只眼"绝对是造型相当惊艳的两款甜品了。"舞娘"是用法芙娜巧克力、澳大利亚铁塔芝士、法国铁塔淡奶油、新疆葡萄干以及巴旦木、榛果等东西方的经典食材相结合打造的一款甜点，顶部金光闪闪的舞鞋是高规格的翻糖装饰，纤细灵动，令人不忍下口。据说，这个甜品最正确的吃法就是掀开"盖子"，再品尝以新鲜水果、坚果为主料的比萨蛋糕，浓郁的巧克力奶油加之蔓越莓演绎出弹性的质感，清爽微酸的口感非常独特。

"睁一只眼闭一只眼"则是一款典型的法兰西甜品，它使用柠檬白巧大慕斯辅以椰子、杧果、百香果夹心，再用树莓、草莓慕斯小球与黑色栗子慕斯相搭配，加上底部的杏仁挞，为这款甜品赋予了丰富的口感。据说，它也是法国末代王后安托瓦内特最爱的甜品。时光流转，品一口经典美味，不知您是否也会如此喜欢？

一款名叫"小伤口"的甜点，造型也是非常别致。一上桌，金钱豹的造型

99

就霸气吸睛，而那一分为二的桃心，一半艳红似血，一半纯白如雪。敲开红心是香脆的榛子、开心果慕斯，欲说还休的美丽邂逅；而挖开白心则是绵软的百香果杜果慕斯，怦然心动的回眸难忘。在本宫，每一个甜品都完美守护着少女充满梦幻的内心，让人不忍食用。

本宫的二层是定制甜品的专属区域，处处透着雍容华美。每个套餐都由"浅尝"—"慢品"—"回味"构成，目前有"许愿池的希腊少女""大艺术家""唯舞独尊"三种不同的套餐可选，售价均为298元。这些套餐还有多种饮料与之相配，其中粉红色的汽酒最宜搭配收尾的甜点。它微醺的回味在口中芳香弥漫，与品种繁多的甜点形成了不同口味的叠加，口感丰富且富有层次。

味觉的世界，就如同爱情般曲折婉转，就像蔡依林在《蛋糕哲学》中说的那样，"不一定你可以成为某一个人的公主，但你绝对可以成为你感情世界里面，内心丰富的女王和国王"。

Tips
出行小贴士

本宫PavoMea艺术甜品店，一层可以随便点餐，二层需提前预约定制套餐。

东八时区

在 798 艺术区，要想品尝日料，东八时区是绝对不能错过的。在这里，您不仅可以品尝到正宗的美味，不经意间或许还会与心仪的艺术家偶遇。

📍 北京市朝阳区酒仙桥路 2 号、4 号 798 艺术区内（尤伦斯当代艺术中心对面）
📞 010-59789917
🕐 周一至周日 9:00—24:00

这是一家非常有艺术气息的日料店，这里基本上是艺术家和画廊经理人的聚集地。因此在这里吃饭，或许还会和某位知名的艺术家偶遇。

餐厅以木质结构为主，清新之感无处不在，尤其是餐厅门前有一个别致的小水池，锦鲤、怪石、流水，很有日式的禅意。走进东八时区，但凡您在墙上看到的作品，都是摄影大师荒木经惟的签名原作。在这里，如果您看上了哪一个作品，还可以与老板交涉购买，它们都是可以出售的。餐厅里的寿司台也是大有来头，设计师用一整根木头做了个帅气的一体式寿司台，台面的花纹很美，使用起来感觉很有质感。

东八时区内部面积较大，分为酒吧和餐厅两部分，酷炫阁楼混搭玻璃吧台。

东八时区古朴的装潢

东八时区的菜品相当精致，都是由北京知名日料店隐泉来完成的，而菜单上的
多款寿司，更是只有在东八时区才吃得到的独款，不仅造型和口感俱佳，性价
比还很高。店内的东八时区卷十分值得推荐，软糯的米饭上盖着厚厚一片入味
的火喷白金枪鱼肉，内里还卷着蟹籽、苏子叶以及多汁的新鲜白金枪鱼，再撒
上香浓的鳗鱼汁、芝士酱，不禁让人垂涎三尺。还有一道798卷也是人气款，
它是用米饭包裹着天妇罗、芦笋，上面盖着鳄梨、蟹籽，味道鲜香清新，在夏天，

店前有露天的座位，环境较好

点一道如此小清新的菜品再合适不过了。此外，这里各种刺身拼盘、烤串也都是既新鲜且性价比又高，值得品尝。

如此美味的菜品，让人回味无穷。毫不夸张地说，有这样一家日料店，来798闲逛就不用担心没有心仪的用餐之地了！

店里贴心地分成了吸烟区和无烟区，在这里就餐，吸烟的人就不必在吃饭之余去店外吸烟了。

上坐宇治抹茶

在 798 艺术区，有一家人气很高的网红店，门面看起来很简洁，推门而入有一条过道，穿过过道便是雅致的里屋，室内的风格让人感觉非常舒适，色彩格调素雅，整体颇具禅意。

📍 北京市朝阳区酒仙桥路2号798艺术区 B01-1 号

📞 010-57626277

🕐 周一至周日 10:00—18:00

上坐宇治抹茶是上坐国际和日本京都府宇治茶园合作的一个冰激凌品牌，2016年夏天在北京 798艺术区开的这家店也是它的第一家店。抹茶实际上源自中国，是遣唐使荣西禅师把它带到了日本，才形成了全球盛名的日本茶道文化。

来到上坐，这里的抹茶甜筒自然是必点甜品，味道浓郁，抹茶香十足。尝一口，那清甜微苦再加上冰凉舒畅的口感，使得整个人立马神清气爽。如果您吃不惯微苦的口感，也可以点带红豆的抹茶冰激凌，香甜可口。除了冰激凌，上坐的抹茶茶点也很赞，如果您不喜欢吃凉的东西，尝尝这些茶点也是不错的选择。

绿树间的上坐"DNA"楼

　　在上坐，不仅美味的食物让人感到幸福，店内的装修也非常养眼。店家根据不同的空间，分别以雪国、雨社、草枕、泊船堂、利休席和富岳百景来命名，而这些文艺的名字，或源于日本文学，或取自于浮世绘中的名作。

　　上坐是一家抹茶甜品与日本家居的一体店，一楼主要经营抹茶甜品，二楼

上坐简洁的空间

则主要经营藤草家具和植物衍生品。据说，店老板曾经是专门做家居进口生意的，因为总要沏茶招待客人，于是索性从日本带回了手工研磨的抹茶粉，做起了餐饮生意，也是非常有趣。

如此超高人气的店铺，慕名而来的吃货当然不在少数，但这里并没有因为人多而显得嘈杂。日式和风让店内充满暖意，举杯啜饮，当抹茶的香味在舌尖绽放，您会感觉到前所未有的放松与愉悦。

Tips
出行小贴士

因为是网红店，来这里的人比较多，在这里点单需要排队，不过出餐很快，还请耐心等候。

Art Factory Cafe

在中国，最成功的包豪斯风格作品无疑是北京798
艺术区，而在798艺术区中，最具特点的包豪斯建筑首
推Art Factory Cafe艺术工厂咖啡厅。

> 📍 北京市朝阳区酒仙桥路2号、4号 798
> 艺术区内
> 📞 010-59789942
> 🕐 周一至周日 9:00—23:00

从尤伦斯当代艺术中心往东走，不远处就是Art Factory Cafe了。但您还要
仔细寻找一番才能找到它的藏身之处，因为它的招牌太过低调了，从外面看过
去并不起眼。然而当您推开咖啡厅的门，顿时有种柳暗花明的感觉。实际上，
咖啡厅的面积超过了200平方米，特别宽敞，整体以灰色调为主，墙面、柱
子、天花板没有经过任何装饰，完全保留了旧工厂墙面的原貌，最大程度还原
了最初的工业色彩。

在粗犷的厂房内，为了让风格更为柔和，设计师巧妙地利用原木、植物来
调节氛围，再加上角度独特、布局考究的灯光配合，整个咖啡厅不仅散发着浓
浓的工业气息，同时也流露出一种令人放松的闲适简约之美。

咖啡厅的红砖外墙

    Art Factory Cafe主要经营比萨和意大利特色美食，这里的每一样食材都有固定且专业的供货商，您大可放心食用。经验丰富的大厨坚持用最新鲜的原料为店里的每一位顾客制作地道的美食。在这里，您可以吃到最地道的果木现烤比萨。厨师用果木现烤，再将其放进手工修砌的比萨炉中，当果木在450℃的高温下被烧得火红，只需片刻您便能闻到比萨香气四溢，饼薄而脆，那化开的奶酪钻入番茄酱里，真可以称得上是人间美味。

    在Art Factory Cafe，您还可以尝到非常独特的羊肉比萨。加了孜然的羊肉经过处理后和奶酪完美融合，口感嫩滑，而且入口完全没有羊肉的膻味，非常

值得推荐。此外，西班牙海鲜饭也是海鲜十足，米粒喷香，再加上店中自制的
各类饮品，这里绝对是喜欢美食的您不能错过的地方。

Tips
出行小贴士

1.Art Factory Cafe 的门面不大，还请耐心寻找。
2. 店内的许多美食都值得推荐，如果是第一次来，推荐您品尝店内
  的招牌比萨。

京城创意园，旧址换新颜

　　近年来，随着一批老旧厂房的改造，它们逐渐转型为文创园区，曾经轰鸣的车间厂房华丽转身为文化、创意机构进行艺术创作的空间。比如中关村768创意产业园、718传媒文化创意园、郎园……如今这些地方早已成了集观光、展示、体验、娱乐于一体的文化场地，成为北京文化生活的重要场所，沉睡多年的老旧厂房再次焕发生机与活力。

751D·PARK 北京时尚设计广场

　　在798艺术区的旁边，还有一个创意园区，人们经常将它与798相混淆，但实则它们是两个不同的地方。这个创意园区被人们称为751D·PARK北京时尚设计广场。

📍 北京市朝阳区酒仙桥路 4 号

🕐 全天开放

　　751D·PARK北京时尚设计广场所在的这片区域，其前身是北京电控正东集团751厂。751工厂曾属于718联合厂，曾经的751工厂承担了北京市1/3的煤气供应任务，但随着"煤改气"规划的实施，煤气生产退出运行，而正东集团也逐渐退出历史舞台，并于2003年正式停产。但正东集团将这些保存完好的厂房和机械设备进行了改造，趁着北京发展文化创意产业的契机，建起了时尚广场。

　　提到751D·PARK北京时尚设计广场，最出名的就要数火车头广场了，火车头广场是751的一张名片。广场内的火车头是20世纪70年代由唐山机车制造厂制造的，至今已经经历了30多年的风雨。为了铭记这辆老机车的功绩以及这一代751人对它的感怀，设计者将它更名为"上游（SY）0751"。这台火车头

的意义不只如此，它的到来，也意味着751这座传统的工业老厂向文化创意园区的"华丽转身"。如今的火车头广场，其车厢内和站台上都设置了咖啡厅、酒吧等休闲场所。当走进这老式的站台，进入到火车车厢中时，似乎又看到了气势磅礴的蒸汽机车裹挟着厚重的历史扑面而来。在这里，年轻与古老碰撞，让人真切地感悟到时代的变迁重新赋予老火车新的生命。751D·PARK北京时尚设计广场如今已成了人们休闲娱乐的一个重要场所，而这充满历史感的火车头更是成为很多服装设计师和婚纱摄影的首选。来到这里，您不妨也对准焦距，找好位置，为自己拍几张"时尚大片"。当然，在火车头广场除了火车头之外，废弃的铁轨也是不可多得的摄影素材。

除了火车头广场外，这里还有许多地方值得一逛。园区在发展以展示、发布、交易为核心的创意产业集聚地和时尚互动体验区的同时，还形成了配套的生活服务设施。北京时尚设计广场A座就是其中的一个，它是利用原来的工业金属库房改造而成的，墙面和窗体保留了原有厂房建筑的基本风格。这里包括时装发布中心和办公区，一楼有占地面积1057平方米的中央发布大厅，内部有可随意拆卸的T台、两边可移动的椅子，可容纳300—500名观众，同时还配备了一流的音响和设备，屋顶采用专门的吸音处理。这里是北京第一个时装发布会专用场所，它的出现让北京向着国际时装之都又迈了一大步。如此完美的配置也使得这里成了设计师们发布作品的理想场所，运气好的话您还可以观赏到一场令人震撼的时装大秀。

漫步园区，不经意间还会看到一排排高大的裂解炉和锈迹斑斑的铁塔，这里就是751艺术区的动力广场了。它是园区内开展文化交流和进行展览、展示、演艺等众多文化活动的场所。一到有活动的晚上，这里纵横交错的煤气管道、巨大的发生罐、高高的烟囱，在各色灯光的照射下也变得绚丽多彩。光与影的不断变幻，让动力广场这一名字深深地刻在人们心中。

751园区内保存了许多旧时的工业遗迹，老炉区内静静矗立着的四根大烟囱便是其一。它们与背后的裂解炉、管道融为一体，构成了一组雄浑有力的工业雕塑。这个老炉区始建于20世纪70年代，是煤气生产的焦炉时代、裂解时代

的重要历史见证者。如今，那些锈迹斑斑的大烟囱经过改造，已经成为炉区广场中肩负时尚创意、展演展示工作的一大"功臣"，这里也成了开展大型文化创意活动的重要场地。夜幕降临，在景观灯的衬托下，这些烟囱也变得更加雄伟挺拔。

751园区里的1979年建造的1号罐（79罐）是北京煤气生产史上的第一座低压湿式螺旋式大型煤气储罐，如今已经被改造成了时尚展示会场。走进大罐内部可以看到，巨大的圆形会场内那钢铁的内壁依然保留着铁锈的颜色，工业的气息弥漫于整个空间。这个煤气储罐共分5节，直径67米，升起后最高端可达68米，容积可达15万立方米，因此这里也有北京小"鸟巢"的美称。另一座煤气储罐的直径有24米。像这样的大罐，最早共有7座，但如今现存的仅有北京时尚设计广场的这两座。这两座煤气储罐在煤气生产线上立下了不朽的功勋，它们退出运行后，由于整体的框架结构代表性强，因此吸引了众多时尚界人士的光顾，全国精舞门街舞大赛的9场复赛就是在这里举行的。

在751D·PARK北京时尚设计广场，粗犷的工业气息与细腻的文艺范儿相融合，在巨大的反差下却又显得格外和谐。逛完798，不妨留点时间逛逛位于它斜对面的751，或许会给您带来不一样的体验。

Tips
出行小贴士

1.751与798是相连的，从751进去后，可以从798的陶瓷街出去，如果时间充裕，这两个地方都可以逛一逛。
2.火车头广场的咖啡店等休闲小店价格并不便宜，如果不在此用餐，可以自备一些零食和水。

中关村 768 创意产业园

中关村 768 创意产业园是知识创新、科技研发、设计创意的理想聚集地，是互联网独角兽公司的孵化区。

📍 北京市海淀区学院路甲 5 号

📞 010-62937195

坐落于北四环外的768与位于大山子的798同属于国营老厂区，建于2009年的768创意产业园所在地的前身是北京大华无线电仪器厂，也就是原来的国营第768厂。始建于20世纪50年代的768厂是中华人民共和国建立初期156项重点项目之一，由苏联设计师设计，是目前北京为数不多的老工业遗址之一。

这里地处中关村国家自主创新示范区的核心区，占地面积6.87万平方米，周边被众多知名学府、科研院环绕，其中西侧是清华大学，东侧是中国农业大学，南侧是北京林业大学，众多的高等学府赋予了768浓重的学院气息，因此这里是知识创新、科技研发、设计创意的理想之地。如今的768被人们形象地称为"孵化行业独角兽的创业园区"。

目前除了知乎、摩拜、脉脉、春雨医生，这里还入驻了150多家公司，涵盖了以中国风景园林、清华生态所、阿普贝思为代表的建筑景观设计集群，以春雨医生为代表的互联网+医疗产业集群，以知乎、脉脉为代表的互联网+社

768 创意产业园的标识

交集群，以海智网聚为代表的互联网+大数据集群，以鱼果文化科技、上造影视为代表的数字内容和多媒体设计集群，以美科科技为代表的智能制造产业集群等。

　　漫步园区，您会发现这里的雨水花园极具创意。768创意产业园经过不断的探索，创建了一个新型的雨水系统。在这里，屋顶的雨水经落水管进入弃流池初步沉淀后，一部分进入循环水景，另一部分通过层层台地滞留、净化、下

创意产业园里的小景

渗，径流部分汇入中心下沉花园。同时道路雨水从汇水处经过台地的净化，变作干净的雨水汇入下沉花园。当雨水量超过设计容量时，过多的雨水就会通过溢流装置进入地下储水池，再通过雨水泵送回第二层台地循环净化，或用于植物浇灌、洗车等，而场地内部的雨水主要是自行消解。建设的过程中，也是使用适宜雨水花园的材料与植物，在满足功能需求的前提下，追求雨水花园营建的艺术化，尊重和感受雨水之美。

创意产业园里的老房子

　　逛多了北京的艺术区，不妨来768创意产业园区走走。这里经过重新改造装修的旧厂房、四周环绕着的鲜花草地以及众多疾速成长的独角兽公司，无不弥漫着浓郁的文创气氛，等着您的到来……

创意产业园里有很多的竹子

Tips
出行小贴士

1. 园区内可停车，价格1小时5元。
2. 园区内还建有攀岩馆，包含教练指导、柜子、水等的价格为190元；不包含则为100元。

718 传媒文化创意园

在"卧虎藏龙"的朝阳区，类似 798 这样的创意园区正在高速地发展，718 传媒文化创意园就是其中的一个。

📍 北京市朝阳区甘露园 19 号
📞 010-85768572

◇ 环境清幽的筑梦之地

718的名字很容易让人们联想到798，不过它的发展理念却与798差异很大。798画廊较多，商业化气息浓厚，而718则以引进企业代替了引进个人艺术工作者，特别是对于品牌企业的引进，对园区的稳定发展和品牌效益有着重要影响。和798艺术区不同，718的名字其实源于院门口经过的一趟718路公交车，园区的原址是始建于1957年的北京石棉厂，在这里，不同风格的工业厂房代表了中国工业发展的不同年代。

目前整个园区占地面积3万平方米，是一个集传媒、广告、动漫、影视等于一体的文化创意产业园。整个园区主打绿色环保的理念，致力于为客户提供一个"清幽之谷，筑梦之地"的公园化办公环境。这里全部都是企业模式经营，形成了文化创意产业链，如此也在一定程度上避免了拖欠租金现象的发生，有利于促进园区健康、良性发展。

　　走进718，满眼都是独具个性的涂鸦，比如停靠在墙上的红色"纸飞机"、门口高高栅栏上的符号以及院门上"718GoodLoft"的名字。这里紧邻中国传媒大学及传媒产业聚集区，西边是CBD，北边靠近传媒大道，如此优越的地理位置，再加上政府的支持，使得718在短短几年的时间里在北京东部地区及朝阳区文化产业聚集区中脱颖而出，吸引着越来越多人的目光。

◎ 718里的创意产业

便利的交通、低廉的房租也使得718自创建以来，就吸引了大批的影视、传媒、动漫、音乐、广告等企业入驻园区。如今，整个园区已经入驻60余家文化企业，逐步形成了文化产业的四大产业链，即影视音乐、出版、演员经济产

业链，广告、服装设计、摄影产业链，三维、动漫、游戏产业链，高端网络科技平台及购物平台产业链。目前入驻的重点企业包括毛戈平形象艺术学校、环球瑞都文化发展有限公司、THE ONE壹空间互动剧场及录音棚、凤凰传奇等知名音乐公司、传媒大学视友网、中国大学电视台联盟及中国最大的奢侈品网购平台佳品网等数十家文化产业。

最早进驻718的企业是环球瑞都，经过几年的发展，如今的环球瑞都充分利用完善的客户网络和系统，成功引进和输出了许多国际文化交流项目。在2010年举办的第16届亚运会大型活动中，环球瑞都被指定为承办机构。

THE ONE壹空间互动剧场也是718创意园中一处别样的风景。THE ONE是专业现场演出的场地、专业音乐人的诞生地、知名音乐人演艺事业的发展平台。目前，它有一座专业剧场、五座专业录影棚、五座顶级专业录音棚及专业演播厅等众多的空间。这里的录音棚也是目前国内最专业的录音棚之一，从声学设计到硬件设备都可以为当今较为复杂且不同风格的音乐、影视剧、戏剧进行录音制作和混音服务，同时可以实时对现场演出进行完备的录音制作，现场录音制作水平在国内首屈一指。这里的舞台灯

创意园里的 MT 形象   创意园里安静清幽

光、音响、视频系统等硬件设备也都是经过精心选择的，大都采用了目前世界上最先进的技术。国内众多的音乐公司及签约歌手都曾在这里举行过多次演出及活动。

有很多企业都把718创意园视为其"筑梦之地"，在创意园中边走边看，让人有耳目一新之感。

创意园里的现代小店

Tips
出行小贴士

园区里安静清幽，来此参观还请不要大声喧哗，为718创造一个安静的办公环境。

郎园 Vintage

长安街、CBD、老工厂……这里的艺术风格自成一派，可以说它是北京继798、南锣鼓巷后又一网红"打卡"的热门地点。

📍 北京市朝阳区郎家园 6 号
📞 010-85890560/51660015
🕐 全天开放

◎ 郎园的华丽转身

　　郎园Vintage创意园的地理位置十分优越，它坐落于国贸CBD，对面就是万达广场和金地广场，旁边是北京电视台。寸土寸金的CBD，高楼大厦鳞次栉比，园区在参照纽约曼哈顿苏荷区、法国拉德芳斯城市升级等成熟中央商务区的基础上，借鉴老厂房改造文化创意产业园的经验，意在把郎园打造成中国的苏荷，为CBD打造一片文化绿洲。而如今，来到郎园Vintage，您可以看到这里闹中取静，已然是一个充满工业气息的低密度文创园了。

　　人们总是会将郎园Vintage与798相比。郎园Vintage的前身是北京医疗器械厂，它的建筑都是建于20世纪50年代到90年代的老厂房，如今还保留着鲜明的工业特色。但这里没有798艺术区那占地面积较大的园区，也没有锈迹斑斑的

钢管遗址，整个郎园是一个建筑面积2.9万平方米的低密度园区。漫步其间，您会发现这里的景观设计巧妙精致，让人感觉十分惬意。这里有一个面积约6000平方米的巨型秀场，由于经常举办艺术文化活动，慢慢地这里也开始走进人们的视野，被越来越多人知晓和喜爱。

如今的郎园Vintage已经成为一个集时尚、文化、前卫于一体的文创区，包括商业、创意办公和秀场三种业态，它们相互支持，又独立发展。这里聚集了一批国际设计师品牌店、买手店、潮流秀场、设计型餐厅、创意办公、影视传媒，成了继798艺术区之后北京又一个潮人聚集地。郎园Vintage的出现，为这

片老厂区注入了新的活力。

漫步郎园之中，可以看到这里大多是两层或三层的小楼，园区里是大片的红色砖墙房，充满了20世纪五六十年代的怀旧感。秋天时，满墙的爬山虎变作满墙的红叶，十分唯美。兰境艺术中心、虞社演艺空间、ideaPod创意家俱乐部、Glab戏剧&电影研发实验室等多家知名文创企业，还有腾讯影业、罗辑思维、果壳网等与互联网、影视、内容制作相关的代表性企业，都驻扎在这里。据说陈可辛的工作室也在其中，来这里逛一下，说不定还能被星探发现去拍个电影呢！

除了创业公司，这里还有一些特色餐厅。在懒人业余餐厅您能品尝到贵州火肘炖野山笋等特别的菜品。而它隔壁的"然寿司"出品的寿司，也是不容错过的美味，据说这家的寿司是北京最好吃的寿司，不少明星都是这家的座上宾。在郎园Vintage，偶尔还会举办一些创意市集，如果恰巧赶上，也能去凑一番热闹。

◎ 创意园中的不可错过

来到郎园Vintage的文青们，绝对不能错过静谧的良阅·城市书房。良阅·城市书房前身是万东医疗设备厂老厂房的配房，柿子树、桑树、海棠树与文艺范儿十足的书房融为一体，无论什么时节，这座书房都是郎园中的一景。良阅·城市书房包括北书房和南书房两部分。北书房外面是安静的小院，院中种植着一棵歪脖枣树，据说这棵枣树是北京最后一棵郎家园枣树。要知道，旧时的郎家园枣可是和北京二锅头、冰糖葫芦齐名的老北京特产。即使在今天，每当人们谈起郎家园，都会顺带说起郎家园的枣真好吃，在老人们的记忆里，耳边依然会回响起卖枣人的吆喝声"郎家园的枣枣儿枣来"。北书房虽空间不大，但来过的人都说这里有私家书房的感觉。南书房则是一座长方形的阳光房，闲暇的午后，捧一本书，坐在落地玻璃窗前，十分惬意。阳光暖暖地照在身上，将烦恼一扫而空。圆桌、木椅、柔软的沙发和生机勃勃的多肉植物，这里绝对是一个理想的阅读空间。这里的藏书主要是以社科、人文、艺术类经典

郎园的平面布局图

图书期刊为主，逛累了，在这里喝喝茶、看看书、歇歇脚，再惬意不过了。良阅·城市书房还会定期举办读书沙龙等相关活动，如果正好赶上，您也可以参与其中。

园区为营造艺术文化氛围，还打造了兰境艺术中心、虞社演艺空间两个艺

术空间。兰境艺术中心是极简主义的设计风格，这里的艺术展厅主要以各种书法展，以及其他艺术作品展览为主，除此之外还会定期举办艺术酒会，放映艺术电影；综合展厅主要承办各种艺术、文化交流活动，发布会和科技展。虞社演艺空间曾经是万东医疗设备厂的员工食堂，也是北京国贸仅存的工业建筑遗存，如今这座建筑已经有60多年的历史了。走进虞社演艺空间，这里的木桁架系统向人们展示着完美的结构美学和工业建筑的形态魅力。如今这里还会定期举办"电影自习室"、读书会、郎园大师课、创业论坛、创意市集等活动，每月一到两场的郎园大师课颇受人们的欢迎。

◎ 不断壮大的文创园

　　作为北京城市更新改造中文创园区领域的知名品牌，如今的郎园在京西石景山还建设了另一个项目——郎园Park。郎园Park将石景山区的山水优势与文化创意相结合，把"绿色、生态、创意"的空间改造理念和"文化大院、鱼塘生态、郎园大学"的运营理念带到了石景山，并在此理念的指导下，将这里建成了与东部的郎园气质完全不同的办公园区。郎园Park围绕艺术轴线，把原来的老厂房改造升级，打造了一个包括艺术花带、公益画廊、四合院街区、兰境艺术中心四部分的文创园。这里用融合装置艺术的城市家具和灯光秀为整个园区渲染出了浓厚的艺术氛围，让来到这里的人们情不自禁地爱上这里。

如今，随着时间的流逝，那泛着机油味的老车间早已不是人们记忆中的形象，"灰头土脸"的大北窑和郎家园摇身一变成了一个衣着光鲜的商务区。来

到郎园Vintage，漫步于清幽的文化绿洲，或许这给予许多人灵感的地方也会带给您不一样的体验。

郎园里的游客

Tips
出行小贴士

1. 每逢周五、周六郎园都会举行"电影晚自习"和"电影自习室"，
园区会邀请影迷、影评人组织电影看片会以及点映、交流活动。
2. 下午 6 点以后，园区的上班族多数已经下班，这个时间绝对是您
拍照的一个好时间。

中国北京（望京）留学人员创业园

这里拥有着一流的设施、一流的管理、一流的服务和一流的效率。经过几年的不断发展，这里更是吸引了众多的高端人才。

> 📍 北京市朝阳区利泽中二路望京科技园
> E 座
> 📞 010-64392411

◎ 蓬勃发展的创业园

作为国际化的大都市，北京正在用行动向世界展示它的开放与包容。而当北京的包容与"大众创业、万众创新"的创业浪潮相碰撞，在朝阳区的望京留学人员创业园便应运而生。

这座位于望京高新技术产业区内的中国北京（望京）留学人员创业园，虽仅有4万平方米的占地面积，但这里却是集科研、生产、办公于一体的智能化、多功能、花园式的高新技术企业孵化基地和留学人员回国创业基地。它是国家人事部和北京市人民政府为全面吸引、培育、扶植留学人员回国创业而共同建立的一个园区，其宗旨便是为留学人员回国创业提供全方位的服务。北京东北角的望京留创园，对于许多的创业者来说，是他们梦想的启航地，这里见

现代化的创业园

证了他们的成长。随着时间的推移，到如今望京留创园已经拥有了精进电动、释码大华、默凯斯能源、全维智码等优秀的企业，涌现出了蔡蔚、余平、刘威、张涛等优秀的创业者，诞生了爱科凯能、映翰通、华图股份、天下书盟、中科润金、中安华邦等"新三板"的挂牌企业。截至2017年，望京留学人员创业园总计已经孵化672家科技企业，其中包括397名留学人员创业企业家。每一年，都会有一批新的企业入驻望京留创园，在此扎根并发展壮大。

北京畅东科技有限公司就是这样的一家新兴企业。公司成立于2017年6月1日，其创始人都是毕业于美国、加拿大、瑞典的世界知名高校，致力于人工智能和图像识别技术研发的人员。该公司的主要产品是智能避障检测系统，主要应用于交通控制、无人机飞行等领域，以实现智能避障、路径规划和检测识别等功能。

在望京留学人员创业园，像畅东科技这样的新兴企业不在少数，比如安芯联创。2016年，朱海涛创办了他的第三家公司：致力于中国的新型安防事业发展的安芯联创（北京）科技有限公司。如今经过两年的发展，安芯联创已经逐渐成为国内领先的多行业、多业态主动安防系统解决方案的供应商，成长为行业中的翘楚。

除此之外，这里还聚集了一批聚焦于电子信息、软件开发、移动通信技术、生物试剂、文化创意、新能源及大数据处理技术等产业领域的企业，同时不断地涌现出了一些新技术、新产品、新业态和新模式。3e传媒推出的智能互动广告设备就非常引人注目。在北京众多写字楼的一层，您都可以看到一个人机互动的机器——3e"来拿吧"免费礼品机。远远望去，您可能会被礼品机上亮丽醒目的视频效果所吸引；走近仔细观察，您会发现这是一个通过微信扫码进行娱乐互动的机器。通过微信扫码，仅一分钟的时间您就可以拿到免费的小礼品。

3e传媒这种以互动广告为切入点，以体验和精准数据为核心服务内容的营销传媒方式，不失为一种新的宣传策略，这种独特的方式或许在不久的将来会成为众多企业宣传的首选也未可知。

◎ 创业园的独特发展之路

到底什么样的企业，才能敲开望京留创园的大门呢？入驻这个园区，除了满足高层次人才和高端项目等条件，公司运营的项目还必须是"三新"产业，即新移动通信产业、新生命科学产业、新能源产业。那么，如何才能吸引这些高端人才？望京留创园也有它的一套方法。

园区把人才引进工作站点直接设在了高端人才身边，在加拿大、英国两地，望京留创园分别建立起了北美人才工作站和欧洲人才工作站。这两个工作站的主要任务就是通过在当地高校、研究机构、社会团体等多种渠道中宣传我国国内的创业政策，鼓励有意愿的留学人员回国创业，同时为望京留创园争取当地的科技资源支持，从而形成人才和项目的联动。在2015年，望京留创园与哈佛大学诺贝尔奖获奖团队的合作，就是北美人才工作站促成的。此外，望京留创园也在不断地拓展其人才引进渠道。他们与多家人才服务机构建立了招才合作关系，确保每年接洽和筛选不少于30个海外高端人才团队；同时，望京留创园也鼓励入园企业与清华、北大等高校合作建立实验室，以吸引或由校方推荐优秀人才和项目。

望京留创园还有一个非常大的特色，就是它直接对接产业园。这里属于中关村科技园区朝阳园的一部分，因此，在望京留创园的背后，还有着中关村这样一个偌大的产业园。望京留创园从产业园需求出发，有针对性地筛选入园企业，而背后许多成熟的相关产业的大公

创业园里的全玻璃面大楼

创业园里的多国国旗

司，也为留创园提供了一些优秀的创业者和创业项目。这样的产业集聚为望京留创园的发展提供了源源不断的动力，就算这里的企业创业失败也并不可怕，其相关技术和人才会迅速地被园区内其他同领域的企业吸收，而这样的一种"人才园内流动"模式使得人才资源得到了充分的利用，是值得其他园区学习的地方。

如果说创业想法是一颗种子，那么望京留创园就是可以让种子生根发芽、茁壮成长的土壤和阳光，再加上国家政策雨露般的滋养，相信在这里一定会有更多企业不断成长壮大起来！

创业园里的 A 座大楼

Tips
出行小贴士

1. 园区根据区域的交通情况专门开通了人才班车，园区内企业员工可凭乘车卡搭乘。
2. 园区内设有停车场，可自助停车。
3. 望京留创园内已实现无线网络覆盖，无论您在园区的哪个角落都可以使用无线网络上网。

七棵树创意园

在距 798 艺术区两三站路的地方，有一个新开发的艺术园区——七棵树创意园。同样是艺术园区，这里和 798 却有着很大不同。

📍 北京市朝阳区半截塔路 55 号
📞 010-84316213

和798艺术区相同，这里也是由旧厂房改建而成的，通过厂房的改造意在将七棵树创意园打造成一个集影视、广告、设计、传媒、时尚、艺术、办公于一体的文化创意产业区。

这里交通便利，北面是机场高速，南面是姚家园路和朝阳北路，西接酒仙桥电子城小区，周围还有清华大学美术学院、中国传媒大学、北京服装学院等高校，艺术氛围相当浓厚，可以说七棵树创意园是北京东部文化艺术区内又一颗璀璨的明珠。园区内有艺术交流中心、艺术家工作室、文化创意园和美术馆等一系列文艺场馆，还有我国第一家婚纱摄影基地。

七棵树创意园与东风公园、将府公园紧紧相依，地处东四环、东五环之间的这两座公园，是北京市区与郊区的第一道绿化隔离郊野公园环。园区以青年路为线划分为东西两部分，东区建设有以湖区为中心的春满园景区和集中展示

铁道边的创意园

树木生长科普知识的自然之路景区；西区主要是展示多种植物药用功能的健康园。在这里，人们以原有隔离地区绿地为基础，以植物造景为主题特色，对植被进行了改造提升，增加了公园的基础设施，舒适宜人的环境为七棵树创意园提供了良好的办公空间。

如今，漫步在七棵树，到处是摄影工作室、会馆和餐厅，或许是没有798艺术区有名的缘故，这里的游人并不多。但穿行在园区，那或简单明快的白色厂房，或颜色绚丽、造型别致的改装厂房，都让人眼前一亮。走进工作室，可以看到里面的装修布置是极简主义风格，让人觉得既简单又舒适。这里除了艺

163

创意园里的摄影工作室

术感强烈的建筑，还有废弃的火车道和小站台。来到七棵树创意园，在享受园区静谧环境的同时，也可以在这里拍些照片。在这个专门为摄影而生的文创区里，无论在哪里拍照，都是一幅最美的风景！

Tips
出行小贴士

1. 关于七棵树创意园，更多的信息可以登录七棵树创意园的网站进行查找。
2. 这里位置较偏，距公交站步行时间较长。

165

竞园北京图片产业基地

从北京 CBD 向东，当古朴的库房、温润亲切的红砖表皮和那不同时期形成的高大树木随处可见时，便到达竞园北京图片产业基地了。

◉ 北京市朝阳区广渠路 3 号
☎ 010-67721166

◇ 文创产业的新方向

这个历史与时尚创意交融的创意园区，是我国图片行业的聚集区，是中国第一家图片产业基地，也是目前亚洲最大的图片交易市场。

作为全国唯一的国家文化产业创新实验区域内的重点园区之一，这里始终坚持举办全球性品牌活动，第一时间发布最前沿、最时尚的产品。它也重新定义了"文化+科技"的理念，为北京文创产业的发展开创了新的篇章。自竞园建成起7年的时间里，这里不仅成为各大新锐摄影师的聚集地，而且吸引了与图片相关的艺术、媒体、广告，以及与摄影相关的各类机构来此入驻，比如人们熟知的陈漫、张悦、陈福堂等知名摄影师的工作室。除此之外，谢霆锋、杨澜、陆川的工作室也都位于这里。如今，在这个占地面积约10万平方米的文创园内，竞园正在发挥着它的独特优势，向人们展示着它的魅力。这里在为图片

168

基地里的老楼

产业及影视制作产业提供创作环境的同时，也逐渐形成了一条图片加工、摄影培训、创意拍摄、后期制作、图片交易、艺术策展、出品出版等"泛影像"产业链，涵盖了图片产业上下游各个市场。

这片区域未被开发为文创区时，还只是一些棉麻仓库，承载着给北京市民提供衣被的责任。改革开放后，随着人们衣食的富足，老仓库也逐渐被人们遗忘在历史的角落。直到2006年，这片区域被列为北京市文化创意产业重点项目，才再次进入人们的视线。2007年6月29日，《竞报》发起的"典藏奥运"活动正式启动，这也标志着国内首个图片产业基地竞园正式开园了。由此，这里也逐渐吸引了东西印记画廊、中国新锐媒体视觉联盟等最早的一批入驻者，导演刘伟强，台湾摄影师陈富堂、周尚礼，以及文艺界明星也纷纷受邀入驻。

作为打造中国图片产业中心的竞园，在发展中也承办了中国图片产业发展论坛。随着该论坛的成功举办，竞园在国内一举成名。如今，无论是中国著名的摄影评论家、影像行业的实操者、图片库的掌门人，还是专业影像媒体人，抑或是影像收藏家，在他们看来，这个论坛已经成为他们心目中的一个高规格

的存在。这个由竞园一手创办的中国图片产业发展论坛，正在逐步成为把握国内图片产业发展方向的风向标。

◎ 服务完善的文创园

　　闲逛于竞园，您会发现这里最核心的位置，居然没有被用作办公场地，而是建立了竞园艺术中心，这里经常会举办一些知名品牌以及知名艺人的发布会

竞园的标识墙

等，它在用自己的方式向人们传递着竞园的专属风格。

    竞园以管理者的身份，利用新媒体搭建起了一个立足于影像产业链的，为客户提供传播、交流学术和人才支持的资源平台。比如竞园建立了网站，并在新浪、搜狐等各大门户网站注册了微博和微群，用来传播园区内各个机构的动态，并推荐园区内优秀的艺术作品。此外，竞园出资收藏杰出摄影家的优秀

作品，同时为中国摄影师的发展与学习提供专业化的平台。竞园还有自己的电子杂志《快慢客》App，打开App您可以看到旅行、汽车、摄影、健康、电影、音乐等众多不同版块的内容，而《快慢客》上，每期的封面人物也都是园区内的摄影师。如果您喜欢杂志上的图片，可以在App上直接下载高清版。

此外，竞园还是一个俱乐部平台，园区内经常会举办多种多样的艺术活动和沙龙。在这里，不同的企业及艺术人员在相互交流的同时，不经意间会碰撞出思想的火花，而这正是产业集聚所带来的力量。

漫步于竞园，您可以感受到这里不同于798艺术区的气质。这里十分静谧，放眼望去，无论是室外那一排排精致的作品，还是透过橱窗看到的一幅幅巨作，都是影像作品的代表。在这里，您可以不受任何人的打扰，仿佛"与世隔绝"般沉浸在这片艺术的天地。

Tips
出行小贴士

中国图片产业发展论坛每一届还会出一本集纳成果的册子，如果您感兴趣的话，也可以买一本。

北京二十二院街艺术区

在北京，除了著名的798、草场地，还有许多文艺却小众的艺术区，二十二院街艺术区就是这样一个隐匿在都市楼群中的艺术街区。

📍 北京市朝阳区百子湾路 32 号苹果社区北区

📞 010-58760101

二十二院街艺术区虽然规模不大，但却是北京城中屈指可数的几大艺术区之一。这里是北京首个集艺术和时尚于一体的步行商业街，步行街上随处都是画廊、美术馆、书吧、酒吧、餐吧、茶吧、咖啡吧等休闲文化场所。

二十二院街艺术区名称的由来，据说是因为以前中国的一套民居邮票，这套邮票共21张，汇集了中国21种古典民居建筑风格。而这套邮票也赋予了建筑设计师一些灵感，他思考着是否有第22种风格，能完美地融合前21种建筑特征，于是这个灵感造就了二十二院街艺术区中的数字"二十二"。这里的建筑完美地将现代建筑元素与中国不同地区的建筑符号与特征相融合，浓浓的古典风格与现代主义风格萦绕在街区的每一个角落。

二十二院街艺术区坐落于北京CBD的核心，地理位置优越，在繁华商圈

中，这自然园林式的建筑十分抢眼。整个街区融入了天、地、人、礼、乐、义的中国传统哲学思想，在强调中式庭院符码、自然景观和文化社会的和谐统一的理念下，建造了这些后院、中庭、内院、下沉式庭院的中国风建筑，风格独特，算得上是北京最具人文气质的艺术型街区了。2007年，这个极具人文关怀的艺术街区被中国美术馆作为中国现代实验建筑永久性收藏，足见二十二院街艺术区的非凡之处。

在街区的西侧入口，是今日美术馆，这里不定期会举办一些美术展览。美术馆的侧面是一家书店，主要销售一些非常专业的美术类的图书，书店里还设置了供人们喝咖啡的地方，在这里您可以一边喝咖啡一边看书。在整个艺术区，最吸引人眼球的就是那些无处不在的雕塑了，这些现代主义风格的雕塑极

具写实意义。在这里，无论是和街边的雕塑合影，还是在美术馆里静静欣赏艺术画作，都会有所收获。

二十二院街艺术区里最有生命力的当然要数各种极具创意的艺术小店，在这里，您可以看到服装设计店、艺术展览店等不同类型的店铺，而这些店主要以工作室的形式存在。如果逛多了那些人潮汹涌的繁华艺术区，百子湾路上这个慵懒、随性而富有创意的艺术区不失为一个好的去处。来这里逛一逛，或许您会拥有一些不一样的收获。

Tips
出行小贴士

1. 这里时常会举办一些活动和展览，许多年轻创作者的作品也值得一看。
2. 二十二院街艺术区里，那些色彩明快的涂鸦墙是拍照的好地方。

77 文化创意产业园

借着文创产业发展的东风，北京众多的老厂房都实现了华丽转身，77 文化创意产业园就是其中之一。

📍 北京市东城区美术馆后街 77 号
📞 010-87654321

北京的文创园都有着自身的特色，而77文化创意产业园就是以戏剧影视为主题的一个文化创意园区，因位于美术馆后街77号而得名。

77文化创意产业园是一个利用北京胶印厂老厂区改造而成的园区，园区里原有的修理车间经过改造后，如今已变成了200多个灵活多变的黑匣子剧场。77文创园在保留工业遗址风貌的基础上，吸引了大量戏剧界、影视界、设计界核心文化资源的聚集，随着众多同类型企业的集群，这里已发展成为以戏剧和影视为核心业态的高端主题性文化园区。目前，园区内集中了77剧场、77排练厅、E6空间展厅、时差咖啡厅等配套设施。在这里，您不仅能欣赏到精彩的戏剧表演，还可以品尝到特别的美味。

在园区内，还有18个排练场和一个合成厅组成的北京剧目排练中心。到目前为止，北京剧目排练中心已经目睹了400多个剧目的排练，这些剧目都是从这里登上了北京的舞台，走向了全国各地，甚至走出国门。我们所熟悉的张国

楼顶的创意空间

立、张铁林、王刚、陈佩斯、赖声川、何炅等许多影视界的名人都在此进行过
创作和排练，因此，北京剧目排练中心也有"戏剧界的横店"之称。可以说，
这里为北京的演出团体提供了高品质、低价格的公共文化服务平台。此外，77
文创园还建立了公共阅读平台，园区会结合77文创生活节、文创市集、读书会
等活动来丰富园区的文化内容。这个经过改造的园区，在2016年曾获中国建筑
学会授予的"2016建筑创作奖"金奖。

　　这里与798那些包豪斯风格的高大建筑不同，蜗居在美术馆后街的这座原
北京胶印厂更像是一个工业化的四合院，处处散发着北京胡同的市井气息。这
些工业楼房大都是建于20世纪六七十年代的建筑，它们除了层高比周围的四合

院稍高一些，其他方面与四合院并没有多大区别。旧时在四面围合之间，也曾经有过幽静的院落，可惜随着时间的变化，有些厂区已变得面目全非。如今漫步在这改造过的园区里，那些带着岁月痕迹的老砖墙与混凝土墙相互映衬，嵌入的钢梁与简约干净的玻璃相互配合，不同时代、不同工艺的材料彼此结合，却毫无违和感，新与旧的相互融合，无不向人们诉说着岁月的变迁。

园区里的仓库剧场也非常引人注目。这是一座在危房拆除后的原址上修建的剧场，设计者运用工业仓库式的建筑结构，再加上厚重的工字钢柱列和耐锈蚀的钢面板，打造出了一个工业气息浓厚的仓库剧场。来到这里，您可以看到时尚鲜活的戏剧场景与仓库厚重的工业空间在巨大反差之下却又显得格外和谐。每当夜幕降临或震撼的一幕开启时，仓库剧场朝向庭院的墙面便会徐徐悬起，当剧场内部的灯光亮起，戏剧与文化生活便不仅仅受限在这个固定的空

创意园里的美术馆和咖啡馆

楼顶的古老烟囱

间，它们随着声音渗透到了园区的每个角落。在这一刻，前院成了没有边界的露天剧场，巷道似乎也变作了串场通道，而屋顶和游廊也好似空中看台，那老砖房上挑出的露台便是包厢……整个园区就像一座开放的剧场，等待着人们前来欣赏这美妙的艺术时刻。

创意园里的红楼

1. 关于 77 文化创意产业园的更多信息可以登录它的网站进行查找。
2. 77 文创园内有一家名叫"时差空间"的咖啡店，经常举办一些
   小型沙龙和展览。

宋庄原创艺术聚集区

798和草场地逛多了，您不妨来宋庄走一走，这里堪称是中国最大的原创艺术家聚集地。

📍 北京市通州区宋庄镇小堡村

📞 010-69598811

◎ 追根溯源画家村

宋庄是世界著名的原创艺术聚集区，可与法国的巴比松、美国的SOHO、德国的达豪和沃尔普斯韦德等知名艺术聚集区相媲美。据说在国外，人们可能不知道北京的通州，但却不会不知道宋庄。

宋庄曾经还只是一个被温榆河、潮白河、运河三条河流环绕的秀美村庄。经过20多年的发展，宋庄的艺术家队伍逐渐发展壮大，由最初的架上画家发展到现在的由雕塑家、观念艺术家、新媒体艺术家、摄影家、独立制片人、音乐人、诗人、自由作家等组成的庞大文化艺术群体。在宋庄，您可以感受到浓厚的文化底蕴、淳朴的民风，而这也造就了中国乃至世界上规模最大的当代艺术大本营——宋庄艺术家群落。

若追溯宋庄的历史，还要从1994年说起。当时，"圆明园画家村"的方力钧、刘炜、岳敏君等一批自由艺术家迁徙到宋庄。后来许多艺术家开始在这里聚集，并形成一定规模，于是宋庄便开始被人们称为"画家村"了。中国画家村其实是改革开放后一个富有地域性和历史色彩的名词。20世纪80年代末，有一批画家生活在北京圆明园附近的农村，那里因此被人们称为"圆明园画家村"，北京的画家村最早便产生于那里。然而，当时北京对流动人口的管制非常严格，这个由外地艺术家自发聚集而成的群体开始集体迁徙。其中，以方力钧、刘炜、岳敏君为代表的一群画家便选择了京郊偏僻的宋庄镇小堡村安身。与798寂静无人的厂区不同，这里没有可以改造成loft式工作室的高大厂房，农家院升起的袅袅炊烟反而多了一些人情味。从此，这些画家有了稳定的创作环

艺术区里的美术馆

境，越来越多的画家三五成群迁徙而来，就像随风散落的种子，在小堡村的土壤里生根发芽，聚集成林。

随着艺术的不断发展，小堡村建立起了我国第一座当代美术馆——宋庄美术馆。此后几年，随着宋庄规模的不断扩大，宋庄艺术品展览交易中心、中俄国际美术馆、上上美术馆、荣宝斋画院等具有代表性的重要艺术机构和场馆纷纷在这里建立。这里便逐步发展为由原创艺术家、画廊、批评家和经纪人等共同形成的艺术聚集区。据统计，目前到宋庄生活创作的艺术家已经有5000多

人，宋庄囊括了大型美术馆14家、画廊113家、艺术家工作室4500多家、艺术工作区20个、文化相关制造企业50家、文化相关服务企业25家等众多的艺术产业。这里也形成了以小堡村为核心，分散在大兴庄、辛店村、喇嘛庄、任庄、白庙村、北寺村、瞳里村、富豪村、宋庄村等各村的艺术家群落。在这里，您可以看到当代绘画艺术、公共艺术、综合材料艺术及新媒体艺术等主要现代艺术流派的众多作品。许多艺术家的作品甚至在国际上最有权威的艺术展中展出并获奖，还有许多优秀作品被几十家世界著名的博物馆、美术馆收藏。

◎ 画家村里艺术范儿

在宋庄，有太多的地方值得人们来此一游，前哨画廊就是其中之一。它是进入宋庄后看到的第一个画廊，如此优越的地理位置也较好地体现了"前哨"的意义。画廊里展出的都是宋庄艺术家的作品，画廊时不时也会根据大型展览或主题活动来对展馆内的作品进行更换。在画廊的左侧还有一个前哨餐厅，这里也是艺术家聚集的场所。在这里，您既可以品尝到地道的北京菜，又可以欣赏餐厅内悬挂着的画作，不失为一件乐事。

在宋庄，上上美术馆是非常有名的一个存在。上上美术馆展馆占地面积两万多平方米，是宋庄艺术区首个国际性美术馆，也是我国最大的综合艺术美术馆。这家美术馆的建筑非常独特，是由创建人李广明馆长亲自设计的。这座建筑将代表中国传统文化的"圆"和传统建筑材料青砖相结合，体现了中国文化

艺术区里的餐厅

的博大、包容及其稳定性、融合性和延续性。美术馆周围是大面积的草坪和水塘，整个建筑与自然融为一体，体现了中国传统哲学天人合一的思想。走进美术馆，您可以看到这是一个按现代多功能目标规划设计的文化艺术馆，整个展馆由四个展厅组成，主要用于举办中国当代艺术展览。美术馆还会定期邀请国内外著名艺术理论家、学者、批评家及策展人在此举办当代艺术学术报告。

宋庄美术馆同样不容错过。成立于2006年的宋庄美术馆，主要用于举办当代艺术的展演活动，进行国内外当代艺术交流，并通过展览关注中国当代艺

艺术区里充满艺术感的建筑

术的发展动向和最新思潮，推动中国当代艺术的发展，促进国际文化交流。如今，方力钧、岳敏君、刘炜、夏小万、祁志龙、杨少斌等一大批在国内外极具影响力的当代艺术家都积极参与宋庄美术馆举办的展览。您如果想在宋庄看高品质的展览，到宋庄美术馆准没错。

在宋庄，还有一个以展览水墨画为主的东区艺术中心——水墨同盟，整个展馆共分为三层。在中国传统水墨画日渐凋敝的今天，水墨同盟的出现对于宋庄，乃至整个中国画坛都有着十分深远的意义。

　　除了画廊，街区边那些风格独特的建筑也非常文艺。到了宋庄，参观艺术家的院落是一种享受。或许从外面看，您看到的不过是宋庄狭窄的街道，而一旦走进那些艺术家的院落，就会是另一番景象。草地、鱼池、小径、山石、雕塑、矮墙，再加上小路两旁郁郁葱葱的树木，竟好似一番农家景象。闲来无事在村子里逛逛，在这安静与闲适中，或许您便能理解众多画家在这里聚集的缘由了。

Tips
出行小贴士

1. 除了画家，还有很多和艺术相关的产业在这里生根发芽，来这里可以淘一些艺术展品。
2. 前哨餐厅主要经营北京家常菜，用餐价格并不贵，人均消费约 30 元。
3. 在村中原始的四合院、民房里还有很多画廊和工作室，里面也经常会举办画展。

塞隆国际文化创意园

布满岁月痕迹的火车，锈迹斑斑的轨道，深褐色的巨大烟囱，46 座水泥筒仓，400 多米长的铁轨，这一切构成了具有独特气质的塞隆国际文化创意园。

📍 北京市朝阳区双桥东路 9 号铁路桥南
📞 010-85578555

这是一个有着30多年历史的工业园区，它的前身是北京胜利建材水泥库。这个老园区有着独特的"景致"，巨大的园区里面有交错的火车轨道和46座铅灰色圆柱形水泥筒仓。这里曾经承担了1990年北京亚运会和2008年北京夏季奥运会场馆及配套建设的水泥存储任务，为北京的城市建设做出了突出的贡献。

随着城市建设的发展，这片园区逐渐失去了往日的作用，2014年终于退出历史舞台。经过多年的改造设计，这里成为以亚洲最大罐体群为特色的创意园区，园区内大规模保留了火车、铁轨、站台等特色景观。入驻园区的创意企业中，大部分已逐渐成为这个园区的名片。潜艺视文化公司那直径11米、深6米的超大水池曾是《大闹天竺》等电影的水下取景地，也是目前北京最大的室内水下摄影棚，这里可以拍摄水下婚纱照、进行潜水培训、拍摄水下影视作品等。

园区还是最理想的拍照胜地，曾经忙碌的装载水泥进出的火车站台摇身一

园区标志性的一排大筒仓

变，成了园区里最受瞩目的"打卡"地。

如今，超过80家企业的入驻，为这片旧工厂注入了新鲜的、极富艺术气息的血液，也让这里成为朝阳区双桥一道亮丽的风景线。

园区内罐体群夜景

Tips
出行小贴士

这里时常会举办一些活动和展览，许多年轻创作者的作品也值得一看。创意园附近小吃众多，游览完之后可以去一饱口福。

首钢：被淡忘的工业辉煌

在人们热血澎湃、建设"四化"的激情岁月，那些带着时代印记的工业辉煌，让人无法忘怀。首钢就是这样一个铭记着几代人记忆的地方。在北京这座近百年历史的炼钢厂中，那一根根锈迹斑斑的管道无不诉说着岁月的沧桑。虽然工厂早已搬迁，但这里的记忆却永远地留在了高耸的厂房和烟囱之上，留待后人追忆。

首钢往事

在北京，首钢可谓无人不知。从长安街向西一直走到尽头，有一个大红门，那里有一座百年岁月构筑的钢铁丛林，它便是首钢。

北京市石景山区石景山路 68 号

010-88294331

关于首钢，这座我国最大的钢铁厂，它有太多的历史为人们说道。几十年的时间里，首钢在北京人心目中的印象不断发生变化。曾经林立的高大烟囱，是大工业时代的骄傲，但随着时间的流逝，它们最终却变成北京环境治理上的一个阻碍；曾经钢水飞溅、载着满腔热血的年轻人梦想的车间，如今已经变为废墟而沉寂。当厂房改建成动漫基地，车间变身金融大厦，首钢的印记也日渐模糊。

◎ 时光回望炼钢厂

2011年1月13日，首钢集团董事长朱继民宣布首钢北京石景山钢铁主流程正式停产。回溯历史，这座著名的钢铁厂在当时已有90多年的历史了。1919年，在石景山东面的一片荒地上，首钢的前身龙烟铁矿股份有限公司石景山炼

已经停止运行的首钢设备

厂正式开工兴建，北京近代黑色冶金工业由此起步，从此正式开启了首钢发展
的百年进程。1937年，全面抗战爆发，仅一个多月的时间日本侵略者便强行
占有炼厂，并将其改组为南满铁道株式会社华北兴中公司下属的"石景山制铁
所"。在这一时期，厂内野草丛生，满目荒凉，工人们生活十分艰辛，但他们
并不甘心被奴役，不仅怠工反抗，而且还多次进行索粮请愿和罢工斗争，制铁
所历经沧桑、饱受磨难。直至1945年抗日战争胜利后，国民政府行政院资源委
员会终于接收了石景山制铁所，并将其更名为石景山钢铁厂。1948年年初，该
厂仅有一座高炉可以出铁，一年的产铁量仅3.6万吨。从1919年到1948年，钢铁

曾经热闹的厂区如今变得冷清

厂累计生产生铁仅28.6万吨，尚不及后来首钢炼铁厂半个月的产量。

　　1948年12月17日，中国人民解放军解放了石景山钢铁厂，使其成为北京市第一个国营钢铁企业。北平和平解放后，石钢于1949年6月恢复生产。1952年年底，北京黑色冶金工业全面恢复，石灰石开采、烧结、炼焦、炼铁、铸造、轧钢设备全部投产。3年内，石钢实现了自1919年建厂30年未完成的目标，达

到并超过了设计生产能力，年产生铁34.4万吨。1958年5月，石景山钢铁厂开始扩建，并于当年改组为石景山钢铁公司。由此，北京地区初步形成由石景山钢铁公司和冶金局所属地方企业构成的黑色冶金产业。也就是在这一年，工人们在庄稼地里苦战14天，建成了3吨侧吹小转炉，结束了首钢有铁无钢的历史。1961年5月，首钢建成了当时具有先进水平的年产30万吨小型材轧钢生产线，这标志着石钢轧钢开始起步。1964年12月24日，中国第一座氧气顶吹转炉在石钢诞生，揭开了中国转炉炼钢新的一页。1965年，石钢高炉喷吹煤粉、入炉焦比、高炉利用系数等经济技术指标达到世界先进水平，使石钢炼钢技术居于当时全国领先水平。1967年9月13日，经冶金工业部批准，石钢改名为"首都钢铁公司"（简称首钢）。到了1978年的时候，首钢已经跻身于国内八大重点钢铁企业，下属40个厂，职工近7.1万人。从1948年到1978年，首钢人在艰苦中自强不息，茁壮成长。

◎ 劫难后的新生

1978年党的十一届三中全会的召开，为首钢迎来了改革腾飞的新时期，首钢被国家确定为改革试点企业，率先实行承包制。1979年12月15日，首钢二号

曾经运送材料的铁道

高炉移地大修改造工程竣工投产，成为中国第一座现代化的高炉。1981年，首钢开始实行利润包干。1984年首钢初步建成了计算机系统，迈出了信息化管理的第一步。1992年，首都钢铁公司改名为首钢总公司，综合生产规模进入国内前三。20世纪90年代，首钢依靠自己的力量建设了第三炼钢厂，同期又建成并投产了首钢第三线材厂，再加上原有的第一、第二线材厂，首钢成为当时中国最大的线材生产基地。1994年，首钢的钢产量已经从1978年的179万吨扩大到

铁道上停放的车皮

824万吨，超过鞍钢，名列全国第一。首钢不断探索新的发展模式，在1996年9月进行了集团化改革，首钢集团正式成立。截至1998年年底，首钢集团已有成员单位83个，成为生产经营与投资管理并举的大型集团化经济组织。1999年，由首钢优质资产组成的北京首钢股份有限公司成功上市。这一时期，首钢在改革的东风下不断探索，发展出了一条属于自己的道路。

从2003年声势浩大的"八破八立八做到"，到2004年全面深入的企业创新工程，再到2005年丰富多彩的创建学习型企业，首钢人在不断地学习中开阔了视野，激发了活力，为首钢的持续发展提供了不竭动力。随着中国经济的不断发展，北京国际化大都市的地位日益凸显，从而对北京的环境提出了更高的要求。2005年，国家发展和改革委员会回复批示，同意首钢减产、搬迁、结构调整和环境治理方案。炼铁厂五号高炉于6月30日上午8时正式熄火，光荣退役。这标志着首钢北京地区涉钢系统减产、搬迁的正式启动。此后，迁钢、首秦、冷轧、首钢京唐钢铁厂等相继建成投产。2011年，北京石景山钢铁主流程正式停产，首钢也从首都北京迁到了曹妃甸地区，而它也成为我国第一个向沿海搬迁的大型钢铁企业。

◎ 故事里的首钢

近百年的风云激荡，为首钢留下了太多的故事。

关于首钢的诞生，有这样一个故事。故事还要从1914年说起，这一年，瑞典人安特生踏着春光来到北京，对于中国人来说，安特生是一位了不起的人物。中国20世纪的一系列重大考古发现，诸如周口店猿人遗址、河南的仰韶文化等都和他的名字联系在一起。此时安特生来到中国，是作为一名地质学家，确切地说是当时民国政府农商部正式聘请的矿政顾问，来帮助中国人寻找矿藏。当时在北京，还有另一位名叫麦西生的来自丹麦的矿冶工程师。一个偶然的机会，安特生在他的寓所里看到了一些深红色的"染料"，他一眼便认出这些"染料"是种矿石。

　　原来在农闲时节，北京街头常有做小生意的农民，就是在那时，麦西生看到了一位背着篓子，在街头卖"染料"的农民。以自己的专业知识，麦西生看出这"染料"应该是某种矿石，于是他买下了一些回家去做实验，发现这果真是一种含铁量极高的赤铁矿。麦西生想立刻知道这矿石产自哪里，于是他又回到街上找卖"染料"的那个人，一打听，原来这东西产自北京往西100多千米的龙关山。

　　这极为偶然的发现，对于安特生来说，简直是天上掉下来的好运气。他

马上安排助手与麦西生前往龙关山查看，接着他又同地质调查所的技师新常富等人亲自前去踏勘，发现在龙关山、辛窑堡一带确实有一个巨大的矿层区，储量达1亿吨。后来经过研究发现，这个地方竟然是一个富铁矿，矿石含铁量在46%到56%之间，如此高的矿石含量，都可以直接投到炼铁炉里冶炼了。

发现铁矿的消息报到北洋政府后立即引起重视。1918年，安特生与新常富等人又一次前往龙关山勘查，那些红褐色的石头果真就是很好的赤铁矿矿石。后来安特生和他的助手们又去了烟筒山的现场勘查，发现那里也是一处面积巨大的铁矿藏，平均含铁量为48%，与龙关山铁矿同属一个矿床。

随着政府对钢铁需求的增加，这处矿藏终于得以批准开采。而石景山地势较高且宽阔，基岩地层坚固，又靠近京绥铁路，再加上附近的将军岭出产炼铁必不可少的石灰石，又有永定河，用水便捷，冶炼厂便在这里建了起来。

在石景山，首钢的辉煌岁月早已成为历史，但在这废旧的厂房中走走，仍然可以感受到这里旧时的风采。

Tips
出行小贴士

重工业气息浓厚的厂区是拍照不可多得的好地方。

首钢工业文化体验园

> 首钢是我国工业的奠基者之一，从 1919 年建厂开始，首钢人通过艰苦奋斗把这座钢铁厂一步步建设成一个先进的钢铁产业巨人。

北京市石景山区石景山路 68 号

010-88294331

8:00—17:00

老厂区票价 30 元，绕园区行驶一圈的小火车票价 50 元

回望首钢的百年历史，它既是中国近现代工业史的缩影，也是国有企业发展的一个缩影。如今这座钢铁之城虽然停产了，但首钢人的钢铁精神却从未止步。为了保留这一处承载着首钢人共同记忆与情感的珍贵遗产，首钢利用生产时期留下的厂房、高炉、铁路等设施，在这里建起了首钢工业文化体验园。这座工业文化体验园也成为我国首家钢铁文化主题公园，在经过改造后的园区里，那些曾经的老厂房焕发出新的生机。

自2000年开始接待游人起，这座位于长安街西部的首钢工业文化体验园，已经发展成为我国工业旅游的示范点，成为一个集科普教育、爱国主义教育、

首钢园区全景

学术交流、休闲娱乐等于一体的休闲旅游景区。和许多工业旅游景区一样，首钢的工业旅游也是以本集团的工业生产活动为依托发展起来的一项新兴产业。如今，根据不同的参观对象，园区开发出了科普、教育和休闲三个主题的游览线路。在这里，您可以通过参观钢铁生产工艺流程，身临其境地感受钢铁生产的壮观场面，深切体验到"钢铁是怎样炼成的"。在这里，您不仅能坐上小火车体验工业文化，还可以走进餐厅，体验最具老首钢特色的首钢汽水、食堂餐，当回地道的首钢人。园区里除了首钢人文景观、企业文化和历史古迹，还有优美的自然风光，湖光山色的完美结合，将首钢人与自然的和谐相处展现得淋漓尽致。

◎ 厂矿里的首钢园

从首钢的东门进入首钢厂老区，可以看到老旧的厂房、锈迹斑斑的管道和铁轨，一些略显沧桑的专用列车停留在轨道上，让人觉得好像走进了一片荒芜之地。如此众多的工业遗迹，但却早已没有了曾经火热的生产景象。在园区中穿行，高炉、转炉、冷却塔、煤气罐、焦炉、料仓、运输廊道、管线、铁路专用线、机车、专用运输车等，与旧时炼钢有关的东西数不胜数。

在首钢，您可以看到那座始建于1919年的首钢炼铁厂，里面有4座现代化的大型高炉，固定资产总值43.09亿元，其中的三号高炉是国内大型现代化炼铁

高炉。如今这座最具标志性的老牌建筑，将化身为一座雄伟的博物馆，静静地站在园区中央向世人讲述它过往的辉煌。这个"钢铁巨人"向"文化巨人"的转身，标志着首钢园区正以全新的面貌迎接新的挑战，意味着我国工业遗址改造工作的升级。

参观完炼铁厂，您一定要去首钢第三炼钢厂走一走，这里是目前国内最大的小方坯连铸炼钢厂。它的前身是中国第一座氧气顶吹转炉炼钢的诞生地——原首钢试验厂。如今，第三炼钢厂有三座公称容量80吨的氧气顶吹转炉、一座铁水脱硫扒耙渣站、两座LF钢包精炼炉、一座VD真空脱气装置、三台八流

首钢园区里的月季园

高效方坯连铸机和一台四流全自动矩形坯连铸机。在这里，首钢人通过不断提高技术，完善了经铁水脱硫、转炉冶铁、钢水精炼处理、品种铸机浇注的优质钢生产的多工艺路线，由单一的品种规格转换为包含制绳用硬线钢、预应力钢丝、钢绞线用钢、冷镦钢、弹簧钢、齿轮钢、碳素工具钢、优质焊线钢、软线钢及合金结构线用钢等众多品种的钢材。第三炼钢厂形成了以硬线钢为主的产品体系，成为首钢的优质长材的生产基地。

在第三炼钢厂的生产中，为追求环保采用的是先进的铁水倒罐，一次、二次除尘系统。这里具有完备的烟尘和污水综合处理及转炉煤气、蒸汽回收能力，工厂用水也全部采用闭路循环方式，从而使得烟尘及污水的排放可以达到全国及北京的排放标准。

首钢的高速线材厂是目前国内规模最大的现代化线材生产厂。在工业生产中，线材是用量很大的钢材品种之一。它经过轧制后，可直接用于钢筋混凝土的配筋和焊接结构件，也可再次加工使用。被拉拔成各种规格的钢丝，可再捻制成钢丝绳、编织成钢丝网、缠绕成型及热处理成弹簧，也可以经热、冷锻打成铆钉和冷锻及滚压成螺栓、螺钉等，还能经切削成热处理制成机械零件或工具等。作为国内最大的线材生产厂，在这里所见到的景象令人惊叹。

◎ 山清水秀首钢地

在首钢，除了那些令人惊叹的厂房，山水也是别样美丽。在首钢主厂区的中部位置，有一个面积很大的湖泊，从高处俯瞰，这片水域的面积并不亚于颐和园的昆明湖，它的名字叫作群明湖。群明湖其实是一座经过治理后的高炉循环水池，因采取了有效的生态保护措施，这座冷却凉水池如今已经成为一处水质清澈的人工湖。整个人工湖共有22万多平方米，远远望去，湖面碧波荡漾，岸边杨柳依依。这里不仅有仿古亭台、水榭、回廊、小桥、牌楼，还种植了一些花卉植物，点缀着堤岸景色。这里的生态环境很好，每年冬天野鸭都会飞临群明湖来越冬。赶上暖冬湖水不结冰的时候，湖里能有上百只的野鸭嬉戏。近处是线条优美的冷却塔、横贯东西的管道与碧绿涌动的湖水刚柔相济；远处高大的山脉、铁塔与湖中的亭榭、廊桥相互衬托。山水之间混合着工业气息，群明湖也许是首钢最有看点的景色之一了。作为首钢园区的"颜值担当"，群明湖将成为北京2022年冬奥会单板大跳台的组成部分，湖畔的冷却塔便是跳台，百年来一直唇齿相依的湖水和冷却塔再次组成最佳搭档。奥委会主席巴赫曾这样感叹道："在世界范围内，从没有一个跳台是建造在城市中，这个设计可以说是世界上史无前例的。"

湖边远远望见的那座山便是石景山了，山上还留存着许多古迹。旧时的石景山有9个名字，如梁山、碣石山、石经山、湿经山、石井山、石径山、骆驼山等，依山傍水，自古就有"燕都第一仙山"的美称。旧时的帝王、达官显贵及文人也经常到这儿来游览踏青，山上如今还保留着碧霞元君庙、金阁寺等古建筑。从石景山东面向上爬，可以看到一个山门，券形门洞，门上有石额、石联，二层有楼，是一座明代建筑，楼前还立有"石景山古建群"的石碑。山上的金阁寺始建于晋朝，寺中有北京最早的藏经洞。

在首钢制氧厂内有一座方形碑亭和一株古柏，它们是清代北惠济庙的遗存。北惠济庙俗称西庙或庞村大庙，建于清雍正七年（1729年），旧时是永定

河沿岸的河神庙之首。整座庙宇有三间山门，庙中有钟鼓楼、前殿、大殿、配殿和藏经楼等，如今随着历史的变迁，只剩下一亭一柏。

在石景山的东南坡，还有一座既神秘又庄重的建筑，就是首钢红楼迎宾馆。红楼迎宾馆由白楼和红楼两部分组成，红楼与白楼连为一体，环山而居。白楼是侵华日军于1940年建造的"女子寮"，在国民党统治时期改为"高级职员俱乐部"，1949年以后，首钢将这里作为专家招待所。而红楼建于1955年，因整体用红砖垒砌而成，人们便称之为"红楼"。

◎ 园区里的新发展

　　经过改造后，首钢成立了冬训中心。过去的老厂房如今已经成为短道速滑、花样滑冰、冰壶、冰球四项冬季运动训练场馆，也是我国冰上健儿备战北京2022年冬奥会的大本营。冬训中心因为建设了四块大小约1800平方米的冰面，而被人们形象地称为"四块冰"。目前，国家花样滑冰、短道速滑、冰壶三支队伍已经入驻首钢园区，开始进行上冰训练了。如今的冬训馆是首钢曾经的精煤车间，他们在保留原有工业元素的基础上，将不节能环保的部分拆除，然后加建了专业的保温、制冰、除湿等配套系统。而在冬训馆里的工作人员都是首钢职工，这些昔日的炼钢工人，如今已转型成为制冰人、扫冰人。为了破解"奥运场馆寿命短"的世界性难题，"四块冰"在设计改造之初就充分考虑到了赛后利用的问题，赛后这里也将转为社会设施，向公众开放。

　　首钢园里原有的高炉、筒仓、料仓已经"变身"为一座座现代化的写字楼。五号筒仓办公楼门口，"北京2022年冬奥会和冬残奥会组委会"的牌子格外醒目。2016年，冬奥组委已经入驻首钢园。时下，冬奥组委的工作人员正在为2022年冬奥会的举办紧锣密鼓地筹备中。

偌大的首钢工业园区，要想全部逛一遍实在是个体力活，不过，园区里有小火车可供游人乘坐。在首钢，或坐着小火车逛一逛工业园，或去那充满工业气息的厂房中了解一番科普知识，都是不错的选择。

◎ 食在首钢

来首钢参观，一定要来一瓶充满回忆的"首钢汽水"。在20世纪80年代初，一到6月，每天定额发到手里的3瓶首钢汽水，可是首钢工人引以为傲的福利，首钢汽水绝对是首钢情怀的代表之一。当您逛累了，喝一口那冒着小气泡的饮料，瞬间会觉得精神好了不少。厂区内新设的黄白色餐饮车上便是首钢汽水的广告：菠萝味、橙味、荔枝味，30年的经典口味。

在首钢，除了要喝汽水，还要吃一顿地道的首钢工作餐。在这里，不用花多少钱，您就可以在同时容纳几百人的首钢食堂里吃顿工作餐，也算是别样的体验。

"湖山冰玉明，楼阁丹青焕。"如今的首钢园区就像赵蕃笔下的这句诗，既有湖光山色又有朱红楼阁，可谓美不胜收。

Tips
出行小贴士

首钢工业文化体验园中还有很多地方正在建设中，来到这里，还请注意安全。

参考资料

[1] 金煜，孙纯霞. "佩斯"首家"分店"落北京[N]. 新京报，2008-08-10.

[2] 王霖. 白盒子艺术馆：倡导"让艺术改变生活"[N]. 文创中国周报，2018-11-06.

[3] 潘雷. 北京独立书店｜做一个舒坦的旁观者[J]. 时尚旅游，2014-10-31.

[4] 当代唐人艺术中心官网https://www.artexb.com/tangcontemporaryart/.

[5] 赵涵漠，赵青. 冰点特稿：熊猫慢递员的幸福生活（组图）[N]. 中国青年报，2009-11-18.

[6] 刘德胜. 熊猫慢递：写给未来的信（组图）[N]. 每日新报，2009-10-24.

[7] 常旭阳. 常青画廊：不断挑战和创新的常青之路[EB/OL]. 2010-10-07，https://news.artron.net/20101007/n126812.html.

[8] 晨辉. 751文创园：老厂房华丽转身时尚设计广场[N]. 中国企业报，2016-11-22.

[9] 李轻侯. 独角兽孵化所迎来新伙伴，北京真是个卧虎藏龙的地方[EB/OL]. 2017-04-06. http://www.sohu.com/a/131473297_401170.

[10] 邓淑华. 望京留创园聚集四海英才 演绎各具特色故事[N]. 中国高新技术产业导报，2017-12-18.

[11] 方妍. 竞园：影像产业链上的"聚合反应堆"[N]. 西部商报，2012-11-29.

[12] 肖焕中. 竞园：正在崛起的图片产业核心区[EB/OL]. 2009-11-28，https://www.globrand.com/2009/292177.shtml.

[13] 王歧丰. 首钢：十里钢城作别最后一炉钢（图）[EB/OL]. 2011-01-04. http://roll.sohu.com/20110104/n301739479.shtml.

[14] 沈霓. 回望宋庄的20年：中国最大的艺术家聚集区[EB/OL]. 2013-12-17. http://collection.sina.com.cn/yjjj/20131217/1152137246.shtml.

[15] 史波涛. 塞隆文创园46座筒仓载入世界之最纪录[N]. 首都建设报，2018-09-03.

[16] 刘婧. 昔日首都钢铁城今昔冬奥大本营 筒仓料仓改造变身冬奥组委办公楼[N]. 北京青年报，2019-04-18.